高等院校信息技术规划教材

微型计算机原理与接口技术实验指导（第2版）

陈燕俐 许建 李爱群 周宁宁 编著

清华大学出版社
北京

内容简介

本书是《微型计算机原理与接口技术》(孙力娟等编著,清华大学出版社出版)一书的配套实验教材。本教材结合课程内容,针对汇编语言程序设计及接口技术编排了内容丰富的软硬件实验项目和指导性的实验例题,主要内容有汇编语言程序设计实验、微型计算机教学实验系统及系统软件介绍、微型计算机接口实验。本书的硬件实验以清华大学科教仪器厂研发的"TPC-486EM 32位微机原理与接口技术实验系统"为实验平台。

本书内容丰富,大量的实验实例和实验项目扩展了教科书的内容,既可作为高等院校"汇编语言程序设计"、"微机原理与接口技术"等课程的实验教材,也可供自学者及从事计算机应用的工程技术人员参考。

图书在版编目(CIP)数据

微型计算机原理与接口技术实验指导/陈燕俐等编著. --2版.--北京:清华大学出版社,2016(2024.12重印)
高等院校信息技术规划教材
ISBN 978-7-302-42201-3

Ⅰ.①微… Ⅱ.①陈… Ⅲ.①微型计算机-理论-高等学校-教学参考资料 ②微型计算机-接口技术-高等学校-教学参考资料 Ⅳ.①TP36

中国版本图书馆CIP数据核字(2015)第279030号

责任编辑:白立军
封面设计:常雪影
责任校对:焦丽丽
责任印制:刘　菲

出版发行:清华大学出版社
网　　址:https://www.tup.com.cn,https://www.wqxuetang.com
地　　址:北京清华大学学研大厦A座　　**邮　　编**:100084
社 总 机:010-83470000　　**邮　　购**:010-62786544
投稿与读者服务:010-62776969,c-service@tup.tsinghua.edu.cn
质量反馈:010-62772015,zhiliang@tup.tsinghua.edu.cn
课件下载:https://www.tup.com.cn,010-83470236
印 装 者:三河市天利华印刷装订有限公司
经　　销:全国新华书店
开　　本:185mm×260mm　　**印　　张**:10.75　　**字　　数**:252千字
版　　次:2010年7月第1版　2016年1月第2版　　**印　　次**:2024年12月第20次印刷
定　　价:29.80元

产品编号:066740-02

Foreword

前言

“微型计算机原理与接口技术”是高等院校计算机专业及电类相关专业计算机硬件课程体系中的一门重要的专业基础课，是一门理论与实际结合十分紧密、实践性很强的课程。实验是微机接口教学过程中十分重要的环节，是全面提高学生素质的有效途径。

本书是与教材《微型计算机原理与接口技术》(书号：9787302408956)配套的实验教程，目的是使学生通过实验加深对理论课程的理解，培养学生的编程能力和实际动手能力。本书分为软件实验和硬件实验两部分，硬件实验以清华大学科教仪器厂研发的“TPC-486EM 32位微机原理与接口技术实验系统”为实验平台。本书共分为6章，内容如下。

第1章为汇编语言语法实验，介绍汇编语言源程序的格式和框架、汇编语言程序的开发过程，以及汇编语言语法练习实验，为学生下一步的软硬件实验打下基础。第2章和第3章是汇编语言程序设计实验实例和内容，实验内容丰富，涵盖了一般汇编语言程序设计和微机原理教学中所要求做的所有软件实验。第4章介绍了Win32汇编程序的框架、Win32汇编语言程序开发过程，以及Win32窗口程序、字符串显示程序、消息处理程序实验。第5章对“TPC-486EM 32位微机原理与接口技术实验系统”的结构和功能、上位机系统软件的使用进行介绍。第6章为硬件接口实验，覆盖了目前高等院校微机接口实验教学大纲的主要内容，包括保护模式程序设计。综合性实验要求学生能熟练掌握各种常用接口芯片的结构和功能，能综合运用接口芯片达到实验要求。

本书按照实验说明、实验目的和要求、实验示例和实验项目来进行每一个实验的组织，每种实验的实验示例都给出了源程序清单和注释，这些程序都经过调试和运行；涉及硬件的还给出了具体的实验原理和硬件连线。本书还提供了大量的实验题目，教师可以根据本校的教学特点和要求选择相应的实验内容。

本书由陈燕俐、许建、李爱群和周宁宁编著，其中引言、第3章和第4章由陈燕俐编写，陈燕俐、许建、李爱群合写了第1章，陈燕俐、周宁宁合写了第2章，许建编写了第5章，许建、陈燕俐、李爱群、周宁宁合写了第6章，由陈燕俐负责全书的统稿工作。本书的编写还得到南京邮电大学孙力娟教授和洪龙教授的热情鼓励、悉心指导和积极帮助。他们审阅了全书，提出了许多宝贵建议，使得本书更加完善，在此表示衷心的感谢。本书在编写过程中，还得到清华大学科教仪器厂和清华大学出版社的大力支持，也参考了相关的书籍（已在参考文献中列出），在此一并致以诚挚的谢意。

由于编者的水平有限，书中难免有错漏之处，恳请读者提出批评意见。

编　者

2015年7月

目录 Contents

第1章 chapter 1

汇编语言语法实验

1.1 汇编语言程序开发过程

汇编语言(Assembly Language)是唯一能够利用计算机所有硬件特性,并能直接控制硬件的编程语言。汇编语言编写的程序称为汇编语言程序,汇编语言程序必须翻译成机器语言程序(即目标代码程序),才能在机器上运行。

1. 汇编语言源程序的格式

一个完整的汇编语言源程序在结构上必须做到4点。

(1) 用方式选择伪指令说明执行该程序的CPU类型。

(2) 用段定义语句定义每一个逻辑段。

(3) 用ASSUME语句说明段约定。

(4) 用汇编结束语句说明源程序结束。

实模式下汇编程序有两种编程格式:一种格式生成扩展名为EXE的可执行文件,称为EXE文件的编程格式;另一种格式可以生成扩展名为COM的可执行文件,称为COM文件的编程格式。

典型的EXE编程格式如下:

```
.486                                ;方式选择伪指令说明执行该程序的CPU类型
DATA  SEGMENT USE16                 ;定义作为数据段的逻辑段,段名DATA
                                    ;定义变量
      ⋮
DATA  ENDS                          ;数据段结束
CODE  SEGMENT USE16                 ;定义作为代码段的逻辑段,段名CODE
      ASSUME CS:CODE,DS:DATA        ;段约定
BEG:  MOV  AX,DATA                  ;数据段的段基址赋给段寄存器
      MOV  DS,AX

      …                             ;程序代码
      MOV  AH,4CH                   ;程序结束,返回DOS
```

```
        INT  21H
CODE  ENDS                          ;代码段结束
        END  BEG                    ;源程序结束,程序的开始点为 BEG 指令
```

典型的 COM 编程格式如下:

```
.486                                ;方式选择伪指令说明执行该程序的 CPU 类型
CODE  SEGMENT USE16                 ;定义作为代码段的逻辑段,段名 CODE
      ASSUME CS:CODE                ;段约定
      ORG 100H                      ;偏移地址为 100H 的单元必须是程序的启动指令
BEG:  JMP  START                    ;跳过数据区
      …                             ;定义程序使用的数据,也可设置在代码段的末尾
START:                              ;程序代码
      ⋮
      MOV  AH,4CH                   ;程序结束,返回 DOS
      INT  21H
CODE  ENDS                          ;代码段结束
      END  BEG                      ;源程序结束,程序的开始点为 BEG 指令
```

2. 汇编语言的开发过程

汇编语言程序设计的实验环境对计算机的配置要求比较低,普通的个人计算机一般都可以满足。常用的汇编语言开发工具有 Borland 公司的 TASM 和 Microsoft 公司的 MASM。其中,MASM 是 Microsoft Macro Assembler 的缩写,是 Microsoft 公司为 x86 微处理器家族开发的汇编开发环境,该程序自面世以来已经推出了多个不同版本,如 MASM 4.0、MASM 6.11、MASM 12 等。考虑到程序的兼容性,初学者也可以使用"MASM for Windows 集成实验环境"在 Windows 环境下进行汇编语言的学习,该程序是由安阳工学院开发的,集编辑、汇编链接、调试为一体的 MASM 集成环境。

汇编语言程序的开发过程如图 1.1 所示。这个过程主要由编辑、汇编、链接和调试几个步骤构成。

1) 源程序的编辑

编辑就是调用编辑程序编辑源程序,生成一个扩展名为 ASM 的文本源文件。DOS 提供的 EDIT.EXE 或其他屏幕编辑软件都能完成编辑任务。

2) 源程序的汇编

为了使汇编语言编写的程序能在机器上运行,必须利用汇编程序(Assembly Program,如 Microsoft 公司的 MASM 或 Borland 公司的 TASM)对源程序进行翻译,生成扩展名为 OBJ 的目标文件。

汇编语言源程序包含指令性语句(即符号指令)和指示性语句(即伪指令)两类语句。符号指令和机器指令具有一一对应的关系,伪指令是为汇编程序提供汇编信息,为链接程序提供链接信息,在汇编后并不产生目标代码。

在汇编过程中,如果汇编程序检查到源程序中有语法错误,则不生成目标代码文件,并给出错误信息。根据用户需要,汇编程序还可生成列表文件(LST 文件)和交叉参考文

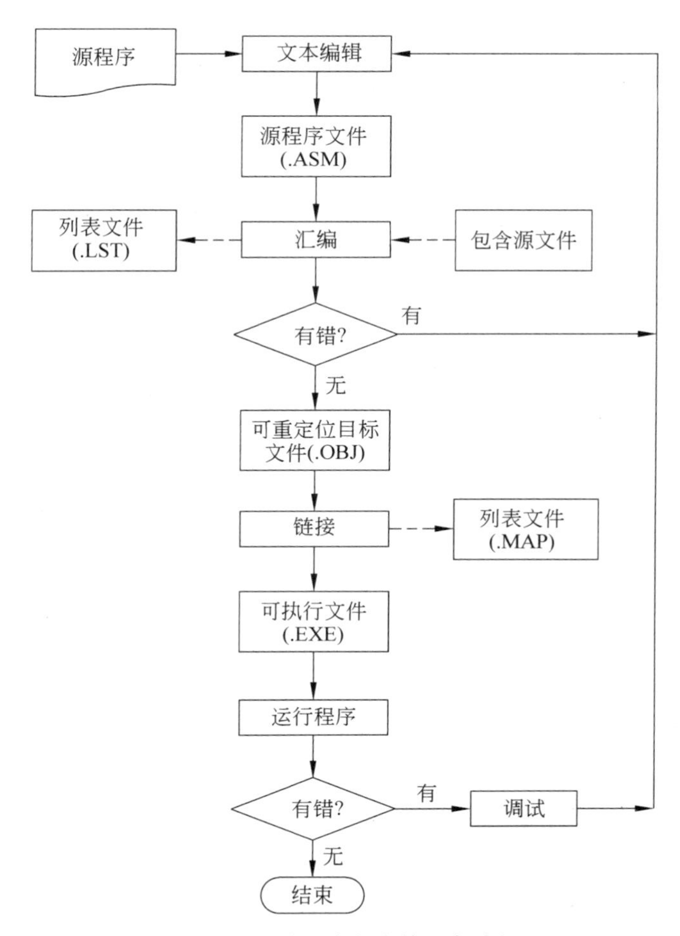

图 1.1 汇编语言程序的开发过程

件(XRF 文件)。

3) 目标程序的链接

链接就是利用链接程序(如 Microsoft 公司的 LINK 或 Borland 公司的 TLINK)将用户目标程序和库文件进行链接、定位,生成扩展名为 EXE 的可执行文件。链接时,如果在目标文件或库中找不到所需的链接信息,则链接程序会发出错误信息,而不生成可执行文件。根据用户需要,链接程序还可生成内存映射文件(MAP 文件)。

4) 动态调试

有时用户生成的 EXE 文件运行后,并没有按照设计的意图运行,这就需要对程序进行调试。根据具体情况,调试的过程也不尽相同。一般地,可利用调试工具(各版本 DOS 所带的 DEBUG 或 Borland 公司的 Turbo Debugger)对生成的可执行文件进行调试,找出错误。再对源程序进行修改……即重复地进行编辑、汇编、链接、调试,直到生成完全正确的可执行文件。

1.2 汇编语言程序编程练习

1. 实验说明

在1.1节的基础上掌握汇编语言程序设计过程。

2. 实验目的和要求

掌握汇编语言源程序的编辑、汇编、目标文件的链接和可执行文件的调试执行全过程；掌握文本编辑软件、MASM、LINK 和 DEBUG 的使用方法以及汇编语言的语法规则。

3. 实验示例

【例1.1】 显示5行HELLO。

```
;FILENAME: EXA121.ASM
.486
DATA      SEGMENT  USE16
MESG      DB       'HELLO'
          DB       0,0,0                  ;①
DATA      ENDS
CODE      SEGMENT  USE16
          ASSUME   CS:CODE,DS:DATA
BEG:      MOV      AX,DATA
          MOV      DS,AX
          MOV      ES,AX                  ;②
          MOV      CX,5
LL1:      MOV      MESG+5,0DH             ;③
          MOV      MESG+6,0AH             ;④
          MOV      MESG+7,'$'             ;⑤
          CALL     DISP
          MOV      MESG+5,0               ;⑥
          MOV      MESG+6,0               ;⑦
          MOV      MESG+7,0               ;⑧
          LOOP     LL1
          MOV      AH,4CH
          INT      21H
DISP      PROC
          MOV      AH,9
          MOV      DX,OFFSET MESG
          INT      21H
          RET
```

```
DISP        ENDP
CODE        ENDS
            END       BEG
```

以上是该程序的源文件，执行后，在屏幕上显示5行HELLO，语句①～⑧是为了演示DEBUG而设置的。下面以此例来介绍汇编语言源程序的开发过程。

1）启动DOS命令窗口

如果计算机安装的是Windows操作系统，则用户有以下两种方法启动DOS命令窗口。

方法1：在Windows“开始”菜单中执行“运行”命令，在“运行”对话框中输入cmd，单击“确定”按钮启动DOS命令窗口，如图1.2所示。

图1.2 Windows系统的“运行”对话框

方法2：在Windows“开始”菜单中执行“程序”→“附件”→“命令提示符”命令，也能够启动DOS命令窗口。

用户进入DOS命令窗口后，应输入“进入子目录”命令进入当前汇编目录(即开发工具的相关文件已复制在此目录下)，例如：

```
>c:↙              (↙表示回车键)
>cd masm↙
```

2）编辑

采用文本编辑软件编辑汇编语言源程序，注意保存时，文件的扩展名必须是asm。如果采用的是Windows环境下的如“记事本”等的编辑工具，保存时的“保存类型”选项必须选择“所有文件”，如图1.3所示。

源程序以及汇编、链接后的目标程序和可执行程序，可以存放在开发工具所在的目录，如C:\masm，也可以集中存放在用户建立的一个文件夹中，例如D:\myfile中。但这时，所有涉及这些文件的路径前缀不能省略。

如果exa121.asm保存在C:\masm目录，则命令格式(命令中不区分大小写)为

```
C:\masm>edit exa121.asm↙
```

如果欲将exa121.asm保存在D:\myfile中，则命令格式为

```
C:\masm> edit D:\myfile\exa121.asm↙
```

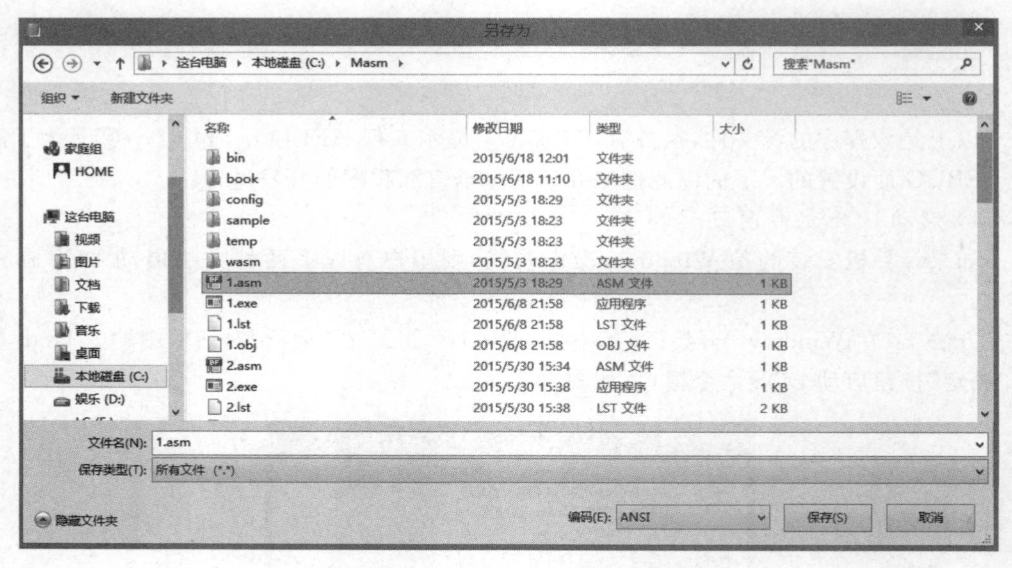

图 1.3 记事本的"另存为"对话框

3）汇编

汇编操作能够将源程序转换为目标程序，并显示错误信息。

如果 exa121.asm 保存在 C:\masm 目录，则命令格式为

```
C:\masm>masm exa121↙
```

如果 exa121.asm 保存在 D:\myfile 目录，并且欲将 exa121.obj 也保存在此目录，则命令格式为

```
C:\masm> ! masm D:\myfile\exa121.asm D:\myfile\exa121.obj↙
```

如果系统给出源程序中的错误信息（错误原因和错误行号），则需要采用编辑软件修改源程序中的错误，直到汇编正确为止。编译结果如图 1.4 所示。

图 1.4 编译结果

4）链接

链接操作是将目标程序链接为可执行程序。如果链接过程出错显示错误信息，也要修正后才能得到正确的可执行程序。

如果 exa121.asm 保存在 C:\masm 目录，则命令格式为

```
C:\masm>link exa121↙
```

执行该操作后，显示结果如图 1.5 所示。

```
C:\>link EXA121.obj

Microsoft (R) Segmented Executable Linker  Version 5.31.009 Jul 13 1992
Copyright (C) Microsoft Corp 1984-1992.  All rights reserved.

Run File [EXA121.exe]:
List File [nul.map]:
Libraries [.lib]:
Definitions File [nul.def]:
LINK : warning L4021: no stack segment

C:\>
```

图 1.5　链接结果

其中的链接过程还会生出一个扩展名为 MAP 的文件，它可以给出每个段的地址分配情况和长度；在链接的过程中还与一个库文件(扩展名为 LIB)相关。一般的汇编程序不需要库文件，只有与某些高级语言(如 C 语言)接口时才需要库文件，此时只需要输入库名即可。在该例中可以选择直接按 Enter 键，跳过这些文件即可。

5) 运行 EXE 可执行程序。

EXE 文件是可执行文件，在 Windows 环境下直接双击 EXE 文件图标就可执行，也可在 DOS 命令行提示符下直接输入可执行文件名后按 Enter 键执行。例如：

```
C:\masm>exa121↙
```

运行结果如图 1.6 所示。

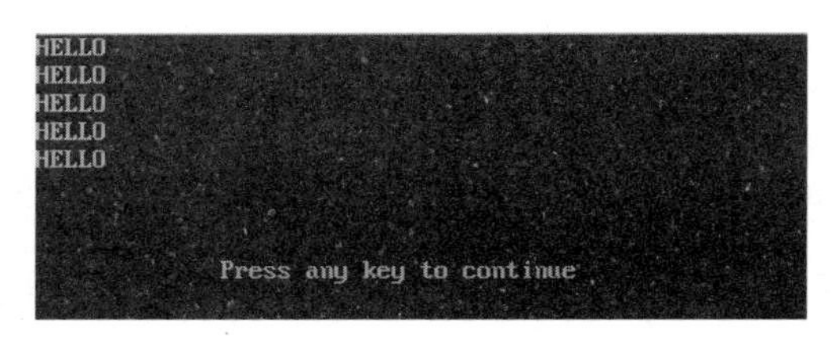

图 1.6　运行结果

6) 调试程序

如果程序运行错误，则可启动调试软件 Debug 对程序进行调试，找出错误原因。

```
C:\masm>Debug exa121↙   (exa121.asm 保存在 C:\masm 目录)
```

或

```
C:\masm>Debug D:\myfile\exa121↙   (exa121.asm 保存在 D:\myfile 目录)
```

常用参数如下：

-u　反汇编

-r　显示寄存器内容

-g　执行到断点处 后面+行号 例如-G9

-d　查看数据

-q　退出返回操作系统

Debug 过程中参数为-u 的结果如图 1.7 所示。

```
-u
076B:0000 B86A07        MOV     AX,076A
076B:0003 8ED8          MOV     DS,AX
076B:0005 8EC0          MOV     ES,AX
076B:0007 B90500        MOV     CX,0005
076B:000A C606050000D   MOV     BYTE PTR [0005],0D
076B:000F C60606000A    MOV     BYTE PTR [0006],0A
076B:0014 C606070024    MOV     BYTE PTR [0007],24
076B:0019 E81500        CALL    0031
076B:001C C606050000    MOV     BYTE PTR [0005],00
```

图 1.7　Debug 过程中参数为-u 的结果

4. 实验项目

【实验 1.1】 汇编语言编程过程的练习。

请将例 1.1 的源程序通过一个编辑软件输入计算机并加以保存，并命名为 EXA121.ASM。然后调用 MASM 和 LINK 完成编译和链接，生成可执行文件 EXA121.EXE。试着在当前目录下运行程序 EXA121.EXE。最后用 Debug 将 EXA121.EXE 调入 Debug 的调试界面，掌握调试过程。

1.3　汇编语言语法实验

1. 实验说明

在 1.2 节的基础上进一步掌握汇编语言程序开发过程。

2. 实验目的和要求

进一步学习汇编语言源程序的编辑、汇编、目标文件的链接和可执行文件的执行全过程；掌握编辑软件、MASM、LINK 和 Debug 的使用方法；掌握汇编语言的语法规则。

3. 实验项目

【实验 1.2】 排除语法错误。

下面给出的是一个通过比较法完成 8 位二进制数转换成十进制数送屏幕显示功能的汇编语言源程序，但有很多语法错误。要求实验者按照原样对源程序进行编辑，汇编后，根据 MASM 给出的错误信息对源程序进行修改，直到没有语法错误为止。然后进行链接，并执行相应的可执行文件。正确的执行结果是在屏幕上显示 25+9=34。

【程序清单】

```
;FILENAME:   EXA131.ASM
.486
DATA         SEGME NT      USE16
SUM          DB      ?,?,
```

```
MESG        DB      '25+9='
            DB      0,0
N1          DB      9,F0H
N2          DW      25
DATA        ENDS
CODE        SEGMENT         USE16
            ASSUME  CS: CODE,  DS: DATA
BEG:        MOV     AX,         DATA
            MOV     DS,         AX
            MOV     BX,         OFFSET SUM
            MOV     AH,         N1
            MOV     AL,         N2
            ADD     AH,         AL
            MOV     [BX],       AH
            CALL    CHANG
            MOV     AH,         9
            MOV     DX,         OFFSEG MEST
            INT     21H
            MOV     AH,         4CH
            INT     21H
CHANG:      PROC
LAST:       CMP     [BX],10
            JC      NEXT
            SUB     [BX],10
            INC     [BX+7]
            JMP     LAST
NEXT:       ADD     [BX+8],SUM
            ADD     [BX+7],30H
            ADD     [BX+8],30H
            RET
CHANG:      ENDP
CODE        ENDS
            END     BEG
```

第2章 chapter 2

结构化程序设计实验

结构化程序设计是指具有结构性的编程方法。采用结构化程序设计方法编程，旨在提高所编程序的质量。自顶向下、逐步精化方法有利于在每一抽象级别上尽可能保证所编程序的正确性；按模块组装方法编程以及所编程序只含顺序、分支和循环 3 种程序则可使程序结构良好、易读、易理解和易维护，并易于保证及验证程序的正确性。任一流程图均可利用循环和嵌套等价地改写成只含顺序、分支和递归的程序，并且每种程序只有一个入口和一个出口。汇编语言程序设计的主要方法包括顺序、分支、循环、子程序和宏指令的设计等。

2.1 顺序程序设计

1. 实验说明

顺序程序是一种最简单也是最基本的结构形式，是最简单的序列结构，程序上没有用到分支和循环，没有控制转移类指令，它的执行流程与指令的排列顺序完全一致，顺序程序设计是所有程序设计的基础。

2. 实验目的和要求

掌握顺序程序的编程方法。

3. 实验示例

【例 2.1】 采用顺序编程方法，实现在屏幕上显示字符串“Enjoy programming in MASM”。

【程序流程图】

程序流程图如图 2.1 所示。

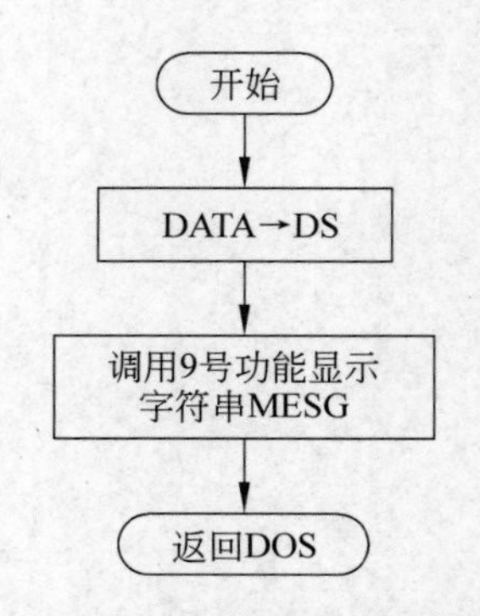

图 2.1 例 2.1 程序流程图

【程序清单】

```
;FILENAME: EXA211.ASM
.486
DATA    SEGMENT USE16
```

```
MESG    DB "Enjoy programming in MASM$"
DATA    ENDS
CODE    SEGMENT USE16
        ASSUME CS:CODE,DS:DATA
BEG:    MOV  AX,DATA
        MOV  DS,AX
        MOV  AH,9            ;显示字符串
        MOV  DX,OFFSET MESG
        INT  21H
        MOV  AH,4CH
        INT  21H
CODE    ENDS
        END  BEG
```

【例 2.2】 内存字单元 BUF1 中的一个非压缩 BCD 码转换为压缩的 BCD 码，并将结果保存在字节单元 BUF2 中。

【程序流程图】

程序流程图如图 2.2 所示。

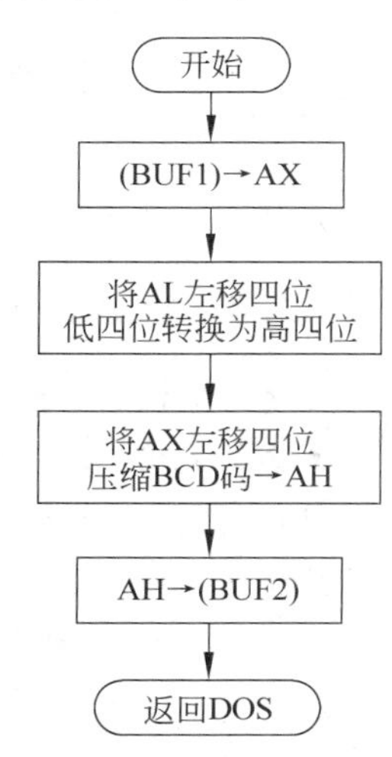

图 2.2 例 2.2 的程序流程图

【程序清单】

```
;FILENAME: EXA212.ASM
.486
DATA    SEGMENT USE16
BUF1    DW 0506H
BUF2    DB ?
DATA    ENDS
CODE    SEGMENT USE16
        ASSUME CS:CODE,DS:DATA
BEG:    MOV    AX,DATA
        MOV    DS,AX
        MOV    AX,BUF1          ;AX=0506H
        SAL    AL,4             ; AL=60H AX=0560H
        SAL    AX,4             ;AX=5600H
        MOV    BUF2,AH          ; (BUF2)=56H
        MOV    AH,4CH
        INT    21H
CODE    ENDS
        END    BEG
```

4. 实验项目

【实验 2.1】 采用顺序编程方法，实现在屏幕上显示大写字母 A。

【实验 2.2】 采用顺序编程方法，实现将数据段 FIRST 字单元和 SECOND 字单元的内容互换。

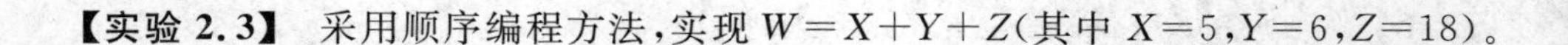

【实验 2.3】 采用顺序编程方法，实现 $W=X+Y+Z$（其中 $X=5, Y=6, Z=18$）。

2.2 分支程序设计

1. 实验说明

使用条件转移指令和无条件转移指令将形成分支结构程序。条件转移指令通常跟在算术比较指令 CMP，或者逻辑比较指令 TEST 之后。分支程序有 3 种结构，即单分支、双分支和多分支结构，如图 2.3 所示。

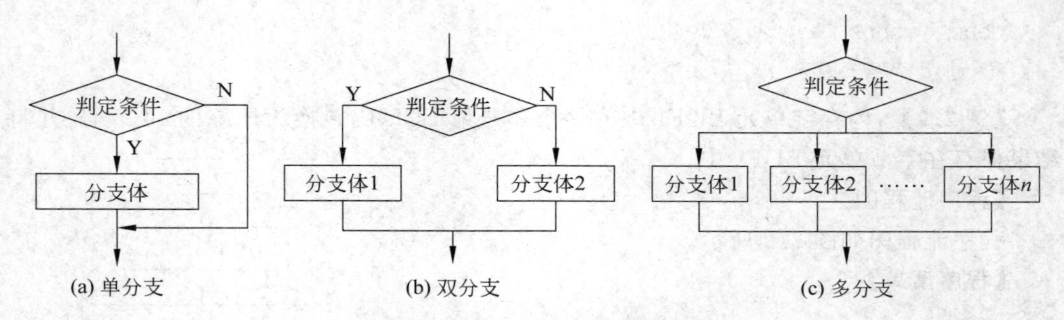

图 2.3 分支程序的结构形式

（1）单分支结构：条件成立则顺序执行分支体，否则跳过分支体。

（2）双分支结构：条件成立则执行分支体 1，否则执行分支体 2。对双分支结构的汇编语言程序，要注意在分支体 1 的语句后面加入无条件转移 JMP 指令以跳过分支体 2。

（3）多分支结构：多个条件对应各自的分支体，哪个条件成立就转入哪个分支体执行。多分支结构可以化解为双分支或单分支结构的组合，也可以用诸如地址转移表等方法来实现。

2. 实验目的和要求

掌握分支程序的编程方法；掌握汇编语言各种转移指令的功能和作用；掌握指令对标志寄存器标志位的影响情况。

3. 实验示例

【例 2.3】 采用单分支编程方法实现：判断数据段 BEN 单元中的单字节有符号数是否等于 3，若是则显示字符串“YES”。

【程序流程图】

程序流程图如图 2.4 所示。

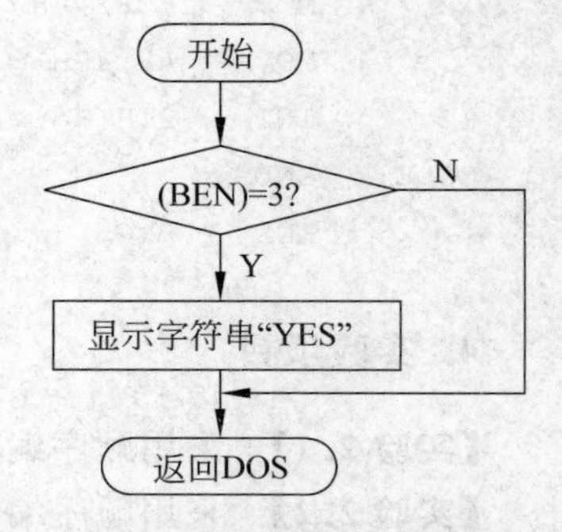

图 2.4 例 2.3 的程序流程图

【程序清单】

```
;FILENAME: EXA221.ASM
```

```
.486
DATA     SEGMENT USE16
BEN      DB       ?                  ;有符号数 X
YES      DB       'YES$'
DATA     ENDS
CODE     SEGMENT USE16
         ASSUME   DS:DATA,CS:CODE
BEG:     MOV      AX,DATA
         MOV      DS,AX
         CMP      BEN,3
         JNE      NO                 ;X≠3 转
         MOV      AH,9
         LEA      DX,YES             ;当 X=3 时,显示结果信息
         INT      21H
NO:      MOV      AH,4CH
         INT      21H
CODE     ENDS
         END      BEG
```

【例 2.4】 采用双分支编程方法实现：计算下面函数值。

$$Y=\begin{cases}1 & X>0\\0 & X=0\\-1 & X<0\end{cases}\quad \text{设 } X、Y \text{ 均为 8 位有符号数}$$

【程序流程图】

程序流程图如图 2.5 所示。

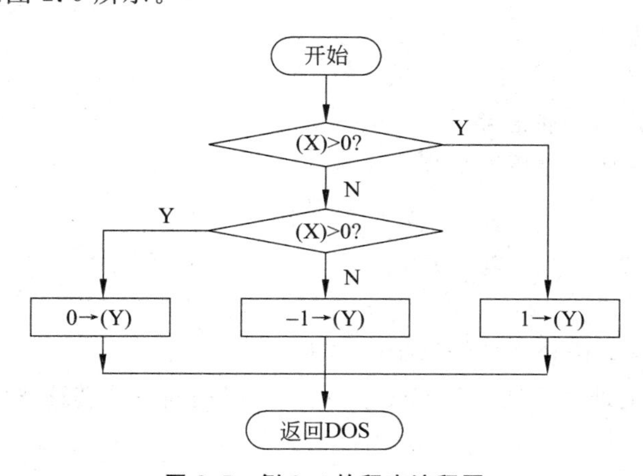

图 2.5 例 2.4 的程序流程图

【程序清单】

```
;FILENAME: EXA222.ASM
.486
DATA     SEGMENT USE16
```

```
X       DB      -10         ;有符号数 X
Y       DB      ?
DATA    ENDS
CODE    SEGMENT USE16
        ASSUME  DS:DATA,CS:CODE
BEG:    MOV     AX,DATA
        MOV     DS,AX
        CMP     X,0
        JG      CASE1       ;X>0 时转 CASE1
        JE      CASE2       ;X=0 时转 CASE2
        MOV     Y,-1        ;当 X<0 时,Y=-1
        JMP     ALL
CASE1:  MOV     Y,1         ;当 X>0 时,Y=1
        JMP     ALL
CASE2:  MOV     Y,0         ;当 X=0 时,Y=0
ALL:    MOV     AH,4CH
        INT     21H
CODE    ENDS
        END     BEG
```

【例 2.5】 多分支程序。

设计一个多分支段内转移程序,要求:

输入 0,转 P0 程序段;

输入 1,转 P1 程序段;

⋮

输入 9,转 P9 程序段。

【程序分析】

实现多分支程序有两种思路。

(1) 用比较指令配合直接转移指令实现。

```
CMP 输入字符,'0'        JE    P0
CMP 输入字符,'1'        JE    P1
    ⋮
```

(2) 用转移地址表配合间接转移指令实现。

下例采用转移地址表实现多分支转移,这样可以提高平均转移速度。

【程序流程图】

程序流程图如图 2.6 所示。

【程序清单】

```
;FILENAME: EXA223.ASM
.486
DATA    SEGMENT USE16
TAB     DW      P0,P1,P2,P3,P4,P5,P6,P7,P8,P9    ;汇编后自动装入相应的偏移地址
```

```
MESG    DB      0DH,0AH,'PLEASE STRIKE 0~9:$'
DATA    ENDS
CODE    SEGMENT USE16
        ASSUME  CS:CODE,DS:DATA
BEG:    MOV     AX,DATA
        MOV     DS,AX
AGA:    LEA     DX,MESG
        MOV     AH,9
        INT     21H                         ;显示提示信息
        MOV     AH,1
        INT     21H                         ;从键盘输入字符
        CMP     AL,'0'                      ;判断AL是否在'0'~'9'
        JC      AGA
        CMP     AL,'9'
        JA      AGA
        SUB     AL,30H                      ;AL在'0'~'9',AL-30H→AL
        MOVZX BX,AL
        ADD     BX,BX                       ;2×BX→BX
        LEA     SI,TAB
        JMP     [BX+SI]                     ;DS:[BX+SI]→IP
P0:     MOV     DL,'0'
        JMP     DISP
P1:     MOV     DL,'1'
        JMP     DISP
P2:     MOV     DL,'2'
        JMP     DISP
P3:     MOV     DL,'3'
        JMP     DISP
P4:     MOV     DL,'4'
        JMP     DISP
P5:     MOV     DL,'5'
        JMP     DISP
P6:     MOV     DL,'6'
        JMP     DISP
P7:     MOV     DL,'7'
        JMP     DISP
P8:     MOV     DL,'8'
        JMP     DISP
P9:     MOV     DL,'9'
DISP:   MOV     AH,2
        INT     21H
        MOV     AH,4CH
        INT     21H
```

```
CODE    ENDS
        END     BEG
```

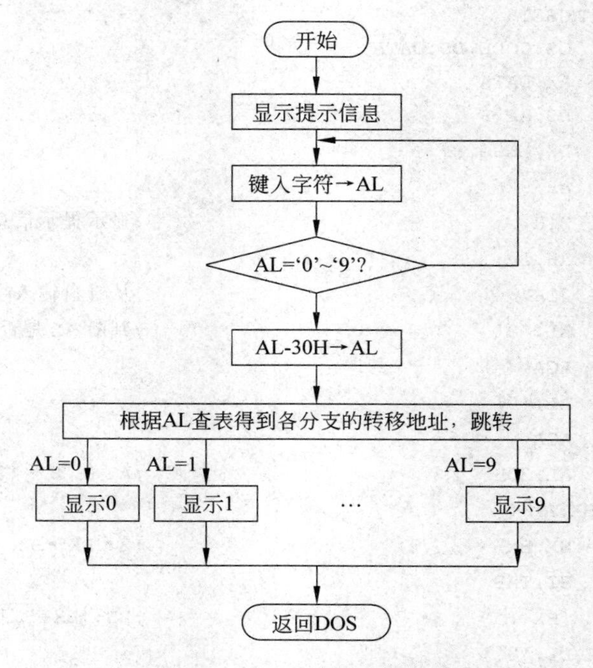

图 2.6　例 2.5 的程序流程图

4. 实验项目

【实验 2.4】 数据段 BEN 单元有一个单字节有符号数 X，判断 $-8 \leqslant X < 8$？若是则显示 YES，若不是则显示 NO。

【实验 2.5】 从键盘接收一位十进制数 X，计算 Y 的值。

$$Y = \begin{cases} X & X = 3 \\ X^2 & X = 4 \\ 2X & X = 6 \end{cases}$$

【实验 2.6】 数据段 DATA 单元开始存放两个有符号数，判断它们是否同号，若同时为正，显示＋，同时为负，显示－，否则显示 * 。

2.3　循环程序设计

1. 实验说明

循环结构一般是根据某一条件判断为真或假来确定是否重复执行循环体，通常以循环次数为判断条件，使用寄存器或者内存单元作为循环计数器。循环程序的结构分为单循环、双循环和多重循环。

循环程序的结构如图 2.7 所示，循环程序通常由三部分组成。

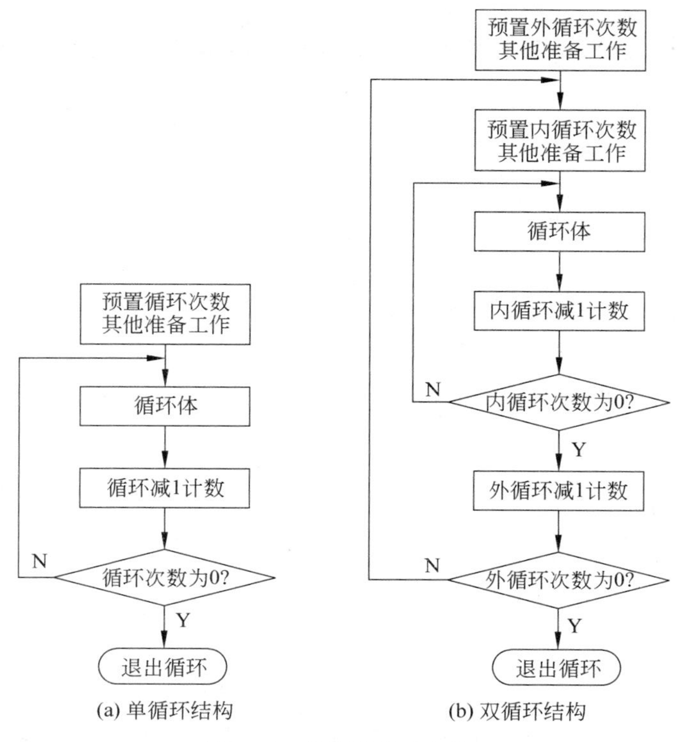

(a) 单循环结构　　(b) 双循环结构

图 2.7　循环程序的结构

(1) 循环准备。为开始循环准备必要的条件,如循环次数、内存缓冲区的起始偏移地址,以及其他为循环体正常工作而建立的初始状态等。

(2) 循环体。重复执行的程序代码,这是循环工作的主体,它由循环的工作部分以及修改部分组成,如修改内存单元的偏移地址、循环次数等(注意:如果循环控制使用的是 LOOP 指令,程序员不需要再用指令修改循环次数,即寄存器 CX 的值)。

(3) 循环控制。判断循环条件是否成立,决定是否继续循环。

2. 实验目的和要求

掌握循环程序的编写以及结束循环的方法。

3. 实验示例

1) 单循环程序设计

【例 2.6】 采用循环程序的设计方法,计算 1+2+3+…+199+200 的值,并要求把计算结果送至 SUM 单元。

【程序流程图】

程序流程图如图 2.8 所示。

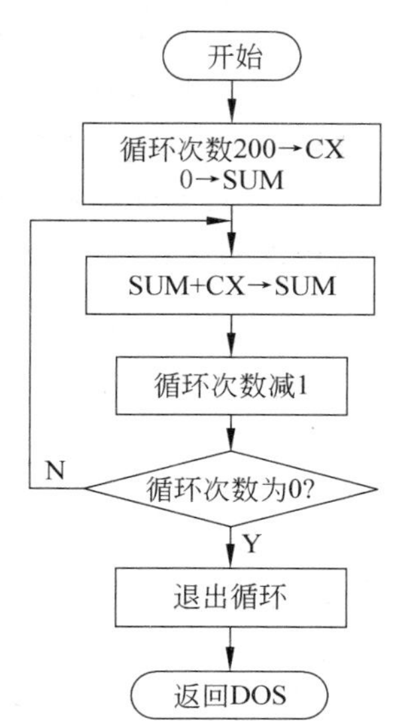

图 2.8　例 2.6 的流程图

【程序分析】

1＋2＋3＋…＋199＋200 的和超过了 255，所以 SUM 应定义为字单元。

【程序清单】

```
;LENAME: EXA231.ASM
.486
DATA    SEGMENT USE16
SUM     DW     0
DATA    ENDS
CODE    SEGMENT USE16
        ASSUME CS:CODE,DS:DATA
BEG:    MOV    AX,DATA
        MOV    DS,AX
        MOV    CX,200
CIR:    ADD    SUM,CX; SUM=200+199+198+…+1
        LOOP   CIR
        MOV    AH,4CH
        INT    21H
CODE    ENDS
        END    BEG
```

2）双循环程序设计

【例 2.7】 假设内存中从 BUF 单元开始有 N 个单字节无符号数，要求采用“冒泡法”把它们按其数值从大到小重新排列。

【程序分析】

冒泡排序法从第一个数开始依次对相邻的两个数进行比较，如次序对，则不交换两数位置；如次序不对则交换这两个数的位置。可以看出，第一遍需比较 $N-1$ 次，此时，最小的数已经放到了最后；第二遍比较只需考虑剩下的 $N-1$ 个数，即只需比较 $N-2$ 次；第三次只需比较 $N-3$ 次……整个排序过程最多需 $N-1$ 遍。

【程序流程图】

程序流程图如图 2.9 所示。

【程序清单】

```
;FILENAME: EXA232.ASM
.486
DATA    SEGMENT USE16
BUF     DB     'ASDFGUYTNBV7654PLKM'
LEN     EQU    $-BUF
COUNT   DW     LEN
FLAG    DB     0
DATA    ENDS
CODE    SEGMENT USE16
        ASSUME CS:CODE,DS:DATA
BEG:    MOV    AX,DATA
```

```
        MOV     DS,AX
AGAIN:  DEC     COUNT
        JZ      DONE                ;排序结束转 DONE
        MOV     FLAG,0              ;置交换标志为 0
        MOV     CX,COUNT            ;每一轮的比较次数→CX
        MOV     SI,OFFSET BUF
LAST:   MOV     AL,[SI]
        MOV     AH,[SI+1]
        CMP     AH,AL
        JNC     NEXT
        MOV     [SI],AH             ;数据交换
        MOV     [SI+1],AL           ;数据交换
        MOV     FLAG,1              ;置交换标志为 1
NEXT:   INC     SI
        LOOP    LAST                ;内循环结束
        CMP     FLAG,1              ;若交换标志为 1
        JE      AGAIN               ;进行下一轮比较
DONE:   MOV     BUF+LEN,'$'         ;显示排序结果
        MOV     AH,9
        MOV     DX,OFFSET BUF
        INT     21H
        MOV     AH,4CH
        INT     21H
CODE    ENDS
        END     BEG
```

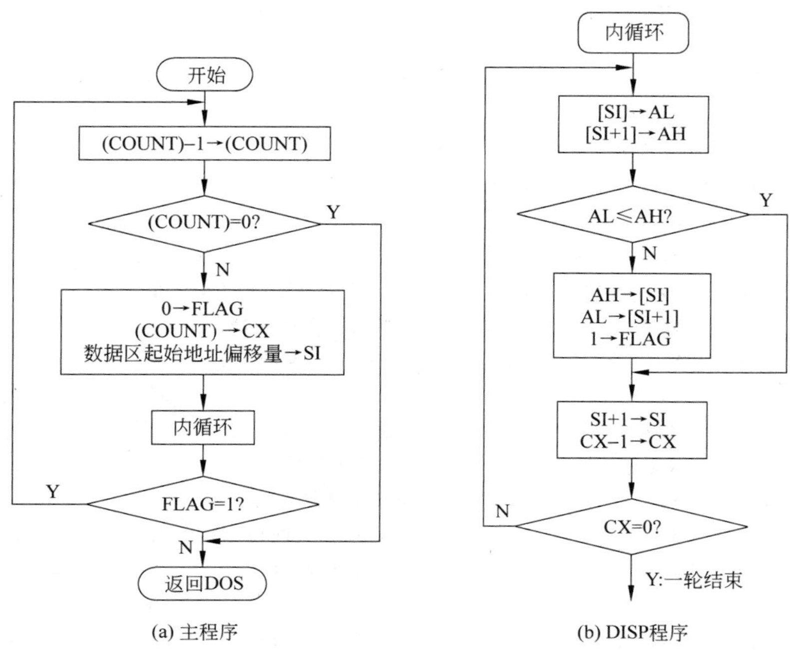

图 2.9　例 2.7 的流程图

3）多重循环程序设计

【例2.8】 采用循环程序的设计方法，计算两个矩阵的点乘。

$$\boldsymbol{A}=\begin{bmatrix}1 & 2\\3 & 1\\0 & 3\end{bmatrix}\quad \boldsymbol{B}=\begin{bmatrix}2 & 0 & 1\\1 & 2 & 3\end{bmatrix}$$

编程计算 $\boldsymbol{C}=\boldsymbol{A}\cdot\boldsymbol{B}$ 的值，计算公式为 $C_{ij}=\sum_{k=1}^{N}A_{ik}\times B_{kj}$，其中 N 为 $\boldsymbol{A}$ 矩阵的列数。

【程序分析】

由于乘积矩阵 $\boldsymbol{C}$ 有3行3列，而计算每个元素 C_{ij} 都要做两次乘法和一次加法，因而使用三重循环。由于循环次数采用CX寄存器控制，内中外三层循环都用CX寄存器来作为循环计数器，可以采用堆栈来解决。在进入内层循环前将CX中的内容压入堆栈，而在该层循环结束后再将其弹出，继续控制外层循环的执行。

在该程序中数据段定义了两个变量 A、B 分别存放矩阵 $\boldsymbol{A}$ 和 $\boldsymbol{B}$ 的元素，乘积矩阵 $\boldsymbol{C}$ 不存储，而是计算一个显示一个。这里假设矩阵 $\boldsymbol{C}$ 中的元素均不超过9。

【程序流程图】

程序流程图如图2.10所示。

【程序清单】

```
;FILENAME: EXA233.ASM
.486
DATA     SEGMENT USE16
A        DB     1,2,3,1,0,3               ;矩阵 A 的元素
B        DB     2,0,1,1,2,3               ;矩阵 B 的元素
M        EQU    3                         ;A 矩阵的行数,B 矩阵的列数
N        EQU    2                         ;B 矩阵的行数,A 矩阵的列数
DATA     ENDS
CODE     SEGMENT USE16
         ASSUME CS:CODE,DS:DATA
BEG:     MOV    AX,DATA
         MOV    DS,AX
         MOV    SI,OFFSET A               ;SI 指向 A 矩阵的第一行
         MOV    CX,M                      ;预置外循环次数
DO1:     PUSH   CX                        ;DO1 为外循环
         MOV    DI,OFFSET B               ;DI 指向 B 矩阵的第一列
         MOV    CX,M                      ;预置中循环次数
DO2:     PUSH   CX                        ;DO2 为中循环
         MOV    CX,N                      ;预置内循环次数
         MOV    BX,0                      ;BX 指向当前行的第一列
         MOV    DL,0                      ;DL 存放部分和
         PUSH   DI
DO3:     MOV    AL,[SI+BX]                ;DO3 为内循环,计算对应元素乘积之和
         MUL    BYTE PTR [DI]
```

```
ADD     DL,AL
INC     BX                ;修改指针 BX 的值
ADD     DI,M              ;修改指针 DI 的值
LOOP    DO3
POP     DI                ;恢复指针 DI 的值
POP     CX                ;恢复指针 CX 的值,恢复中循环的次数
```

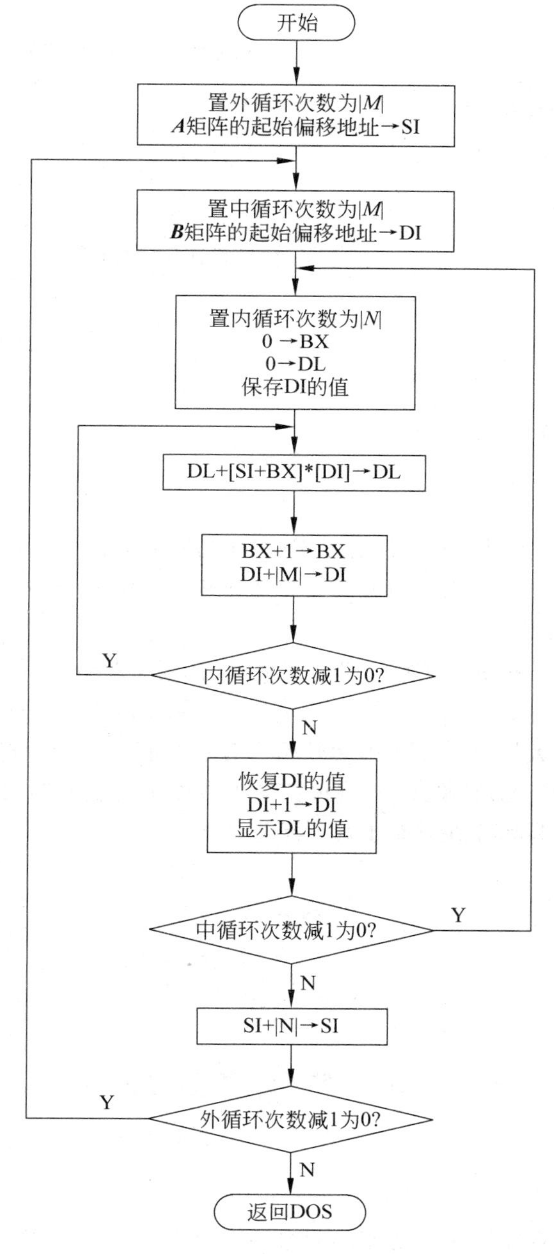

图 2.10 例 2.8 的流程图

```
        ADD   DL,30H              ;显示乘积矩阵中的 1 个元素(在 DL)
        MOV   AH,2
        INT   21H
        MOV   DL,''               ;显示一个空格
        MOV   AH,2
        INT   21H
        INC   DI
        LOOP  DO2
        POP   CX                  ;恢复指针 CX 的值,恢复外循环的次数
        MOV   DL,0AH              ;光标换行
        MOV   AH,2
        INT   21H
        MOV   DL,0DH
        INT   21H
        ADD   SI,N                ;修改指针 SI 的值
        LOOP  DO1
XIT:    MOV   AH,4CH
        INT   21H
CODE    ENDS
        END   BEG
```

4. 实验项目

【实验 2.7】 编程实现可计算任意自然数 N 的阶乘的值(设 $N<100$)。

【实验 2.8】 内存中从 BUF 单元开始有若干单字节有符号数,编程实现将它们按其数值大小从小到大重新排列。

【实验 2.9】 从 BUF 单元开始存有一字符串(长度<255),编程实现统计该串字符中的 ASCII 码在 42H~45H 之间的字符个数,并将统计结果以二进制形式显示在屏幕上。

【实验 2.10】 从数据段 NUM 单元开始存有 9 个有符号数,编写一个程序实现:找出最小值存放到数据段 MIN 单元,并将负数的个数以十进制的形式显示在屏幕上。

【实验 2.11】 编写程序在屏幕上显示下述图形。

```
      *
    * * *
  * * * * *
* * * * * * *
```

2.4 子程序设计

1. 实验说明

汇编语言子程序通常是一段功能相对独立的程序。当程序中需要多次完成同一功能时,为了简化整体程序和阅读方便,常常把完成某项操作的程序单独设计为一个子程

序,需要时调用它。

子程序定义格式如下:

```
子程序名    PROC  属性
              ⋮
            RET
子程序名    ENDP
```

其中,类型有 NEAR 和 FAR 两种,当子程序和调用它的主程序同在一个代码段时,子程序的属性应该定义为 NEAR,属性 NEAR 可以缺省;当子程序和调用它的主程序不在一个代码段时,应该定义为 FAR。

子程序用 CALL 指令调用,最常用的调用格式:CALL 子程序名。子程序用 RET 指令返回。子程序可分为无参数子程序和有参数子程序两种,使用有参数的子程序更加灵活。向子程序传送参数通常有 3 种方法:

① 利用寄存器传送参数,当要传送的参数较多时,这种方法不一定简单;

② 利用堆栈传送参数;

③ 利用内存单元传送参数。

在一个子程序中,可以去调用另一个子程序,这种情况称为子程序的嵌套。嵌套的层数称为嵌套深度。

2. 实验目的和要求

掌握子程序的定义、调用和编写;掌握向子程序传送参数的方法。

3. 实验示例

【例 2.9】 比较两个 16 位有符号数,如果相等则调用子程序显示"=",如果不等则调用子程序显示"!"。

【程序流程图】

程序流程图如图 2.11 所示。

【程序清单】

```
;FILENAME: EXA241.ASM
.486
DATA     SEGMENT USE16
N1       DW  12
N2       DW  40
DATA     ENDS
CODE     SEGMENT USE16
         ASSUME  CS:CODE,DS:DATA
BEG:     MOV     AX,DATA
         MOV     DS,AX
         MOV     AX,N1
         CMP     AX,N2                    ;返回
```

```
        JE      YY
        MOV     DL,'!'              ;利用寄存器 DL 传递参数,字符为'!'
        CALL    DISP                ;调用子程序显示字符'!'
        JMP     ALL
YY:     MOV     DL,'='              ;利用寄存器 DL 传递参数,字符为'!'
        CALL    DISP                ;调用子程序显示字符'='
ALL:    MOV     AH,4CH
        INT     21H
DISP    PROC                        ;显示字符子程序
        MOV     AH,2
        INT     21H
        RET                         ;子程序返回
DISP    ENDP
CODE    ENDS
        END     BEG
```

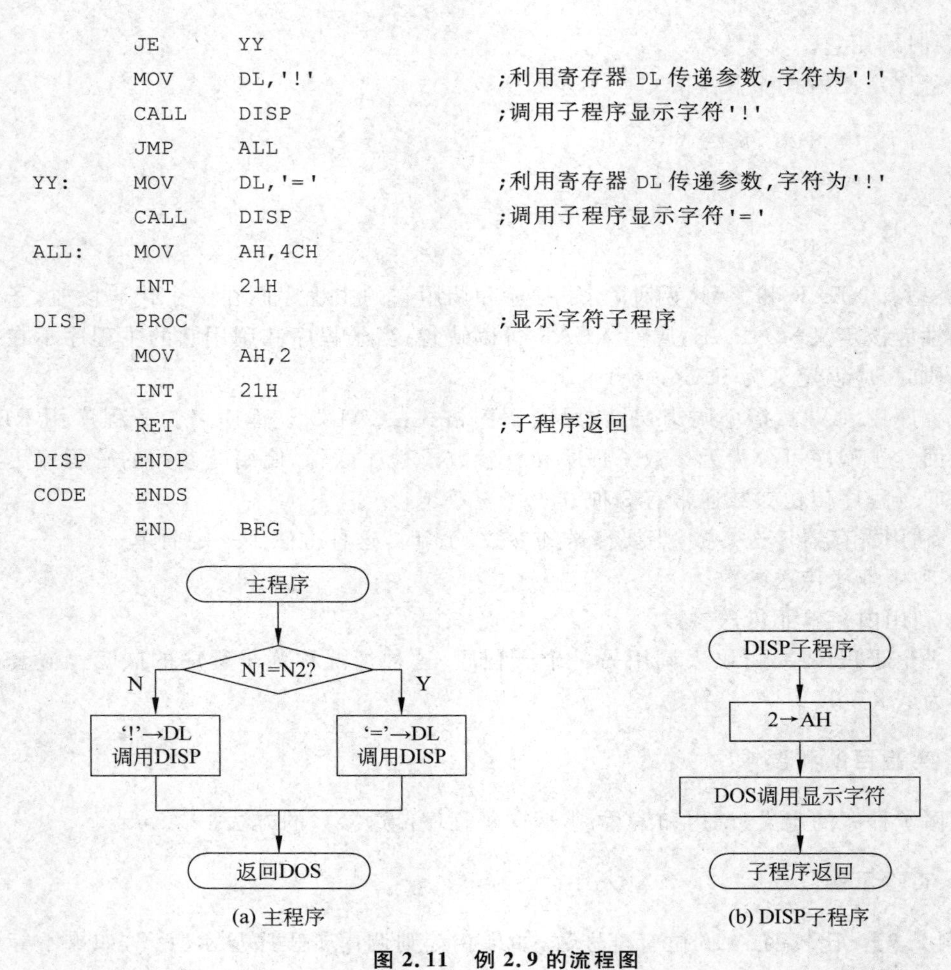

图 2.11 例 2.9 的流程图

【例 2.10】 采用递归子程序的设计方法，完成阶乘函数的计算。

$$N! = N \times (N-1) \times (N-2) \times \cdots \times 1 \quad (N > 0)$$

其中递归定义如下：

$$0! = 1$$
$$N! = N \times (N-1)!$$

【程序分析】

求 $N!$本身是一个子程序，由于 $N!$是 N 和$(N-1)!$的乘积，所以为求$(N-1)!$必须递归调用 $N!$的子程序，但每次调用所使用的参数都不相同。递归子程序的设计必须保证每次调用都不破坏以前调用时所用的参数和中间结果，所以一般把每次调用的参数存放在堆栈中。递归子程序中还必须包括基数的设置，当调用参数达到基数时还必须有一条件转移指令实现嵌套退出(本程序中以 AX 是否等于 0 为条件)，保证能按反向次序退出并返回主程序。

【程序流程图】

程序流程图如图 2.12 所示。

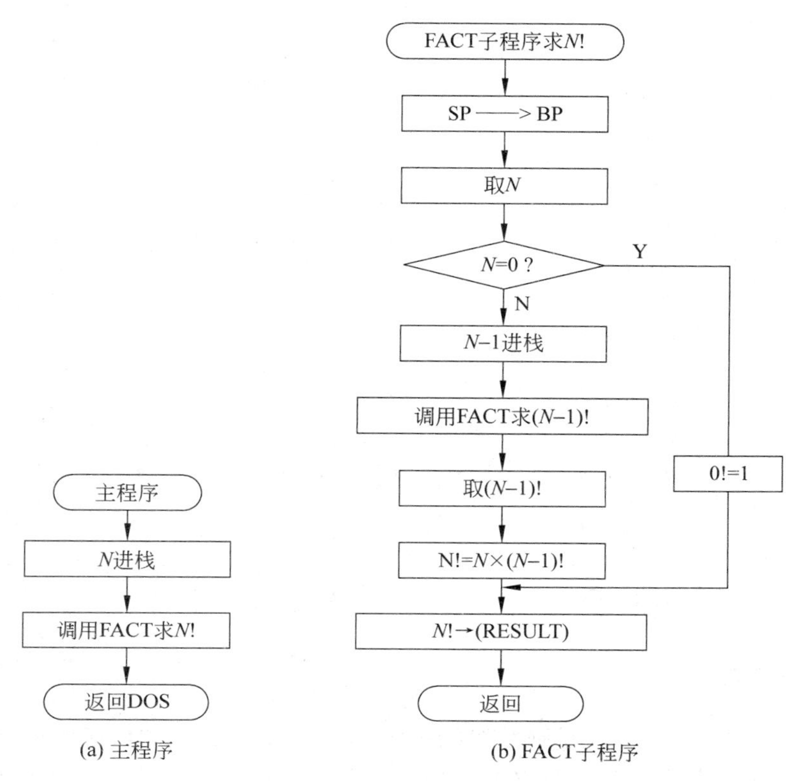

(a) 主程序　　(b) FACT子程序

图 2.12　例 2.10 的流程图

【程序清单】

```
;FILENAME: EXA242.ASM
.486
DATA    SEGMENT USE16
N       EQU     6
RESULT  DW      ?
DATA    ENDS
CODE    SEGMENT USE16
        ASSUME CS:CODE,DS:DATA
BEG:    MOV     AX,DATA
        MOV     DS,AX
        MOV     BX,N
        PUSH    BX                  ;传递参数进栈
        CALL    FACT
        MOV     AH,4CH
        INT     21H
FACT    PROC    NEAR
        MOV     BP,SP
        MOV     AX,[BP+2]           ;取得传递参数
```

```
        CMP    AX,0
        JE     DONE
        MOV    BX,AX
        DEC    BX
        PUSH   BX
        CALL   FACT
        MOV    BP,SP
        MOV    AX,[BP+2]
        MOV    BX,AX
        MOV    AX,RESULT
        MUL    BX                   ;N!=N*(N-1)!
        JMP    RETURN
DONE:   MOV    AX,1
RETURN: MOV    RESULT,AX            ;N!→(RESULT)
        RET    2
FACT    ENDP
CODE    ENDS
        END    BEG
```

4. 实验项目

【实验 2.12】 10个学生的成绩存放在数据段SCORE开始的内存单元，利用子程序调用的方法，编程实现统计60分以下，60～69分、70～79分、80～89分、90～99分和100分的人数，分别存放到S5、S6、S7、S8、S9和S10单元中。

【实验 2.13】 编程实现求2个数的最大公约数。

【实验 2.14】 从20个二进制数找出0和1个数相等的数的总个数，并将结果存入内存单元。其中，要求判断0和1的个数是否相等的过程用子程序实现。

【实验 2.15】 采用递归子程序的设计方法，编程计算Fibonacci数列0,1,1,2…的前100项之和。

Fibonacci定义如下：

$$FIB(0)=0;\quad FIB(1)=1;\quad FIB(2)=1\cdots$$

$$FIB(n)=FIB(n-2)+FIB(n-1)\quad n>2$$

2.5 宏指令设计

1. 实验说明

宏指令是程序员自己设计的指令，是若干指令的集合。宏指令的定义语句可以不放在任何逻辑段之中，通常都放在程序的首部。宏指令分为无参数宏指令与有参数宏指令两种。

无参数宏指令的定义语句格式如下：

```
宏指令名称    MACRO
```

```
        宏体
        ENDM
```

MACRO/ENDM是宏体的定界语句，宏指令调用时只要在代码段中写上宏名即可，汇编时汇编程序用宏体替换宏指令。

有参数宏指令的定义语句格式如下：

```
宏指令名称    MACRO  哑元表
              宏体
              ENDM
```

上述格式中的哑元表是一串用逗号间隔的形式参数表。哑元、形式参数是没有值的符号，用它(们)代表宏体中出现的操作码助记符、操作数(立即数、寄存器操作数、内存操作数)，调用有参数宏指令时，宏指令行要有实元表，实元和哑元必须一一对应。实元可以是立即数、寄存器操作数以及没有PTR运算符的内存操作数。

2. 实验目的和要求

掌握宏指令的定义和调用、宏指令的设计；掌握宏指令传送参数的方法。

3. 实验示例

【例2.11】 比较两个16位有符号数，如果相等则调用宏显示"="，如果不等则调用宏显示"!"。

【程序流程图】

程序流程图如图2.13所示。

【程序清单】

```
;FILENAME: EXA251.ASM
.486
DISP    MACRO    NN                      ;定义宏，NN为形参
        MOV      DL,NN
        MOV      AH,2
        INT      21H
        ENDM
DATA    SEGMENT USE16
N1      DW  12
N2      DW  40
DATA    ENDS
CODE    SEGMENT USE16
        ASSUME   CS:CODE,DS:DATA
BEG:    MOV      AX,DATA
        MOV      DS,AX
        MOV      AX,N1
        CMP      AX,N2
```

```
        JE      YY
        DISP    '!'                 ;调用宏显示字符'!'
        JMP     ALL
YY:     DISP    '='                 ;调用宏显示字符'='
ALL:    MOV     AH,4CH
        INT     21H
CODE    ENDS
        END     BEG
```

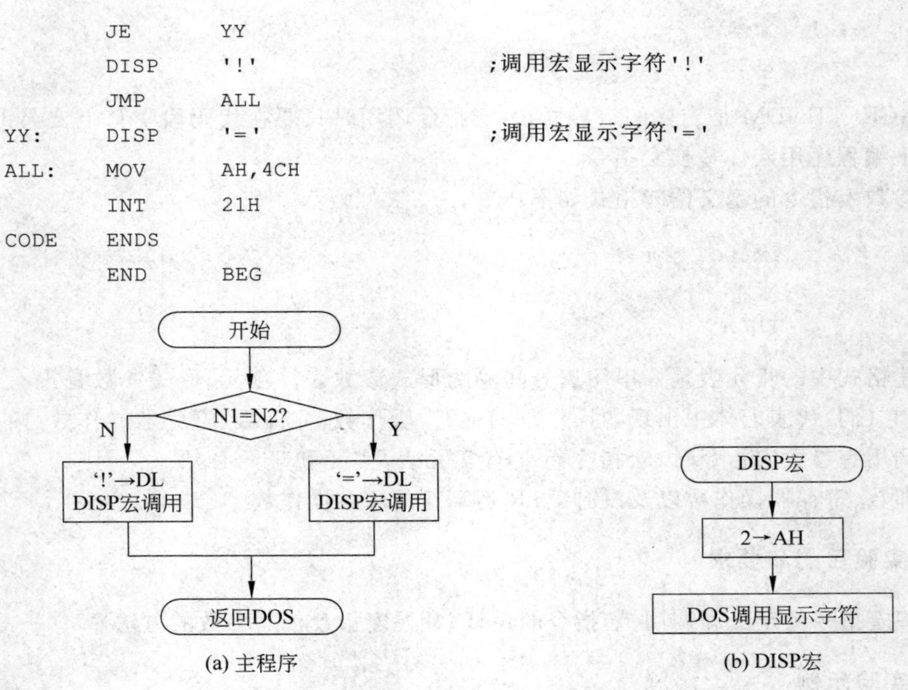

(a) 主程序　　(b) DISP宏

图 2.13　例 2.11 的流程图

【例 2.12】 在屏幕中央显示彩色字符串。

【程序流程图】

程序流程图如图 2.14 所示。

【程序清单】

```
;FILENAME:EXA252.ASM
.486
DISP    MACRO   Y,X,VAR,LENGTH,COLOR
        MOV     AH,13H
        MOV     AL,1
        MOV     BH,0                    ;选择 0 页显示屏
        MOV     BL,COLOR                ;属性字(颜色值)→BL
        MOV     CX,LENGTH               ;串长度→CX
        MOV     DH,Y                    ;行号→DH
        MOV     DL,X                    ;列号→DL
        MOV     BP,OFFSET VAR           ;串首字符偏移地址→BP
        INT     10H
        ENDM
EDATA   SEGMENT USE16
SS1     DB      '******************'
LL1     EQU     $-SS1
SS2     DB      'WELCOME !'
LL2     EQU     $-SS2
```

```
SS3     DB      '*******************'
LL3     EQU     $-SS3
EDATA   ENDS
CODE    SEGMENT USE16
        ASSUME  CS:CODE,ES:EDATA
BE:     MOV     AX,EDATA
        MOV     ES,AX                          ;对 ES 初始化
        MOV     AX,3                           ;设置 80×25
        INT     10H                            ;彩色文本方式
        DISP    11, (80-LL1)/2,SS1,LL1,2       ;11 行显示 SS1
        DISP    12, (80-LL2)/2,SS2,LL2,4       ;12 行 36 列显示 SS2
        DISP    13, (80-LL3)/2,SS3,LL3,2       ;13 行 66 列显示 SS3
        MOV     AH,4CH
        INT     21H
        CODE    ENDS
        END     BEG
```

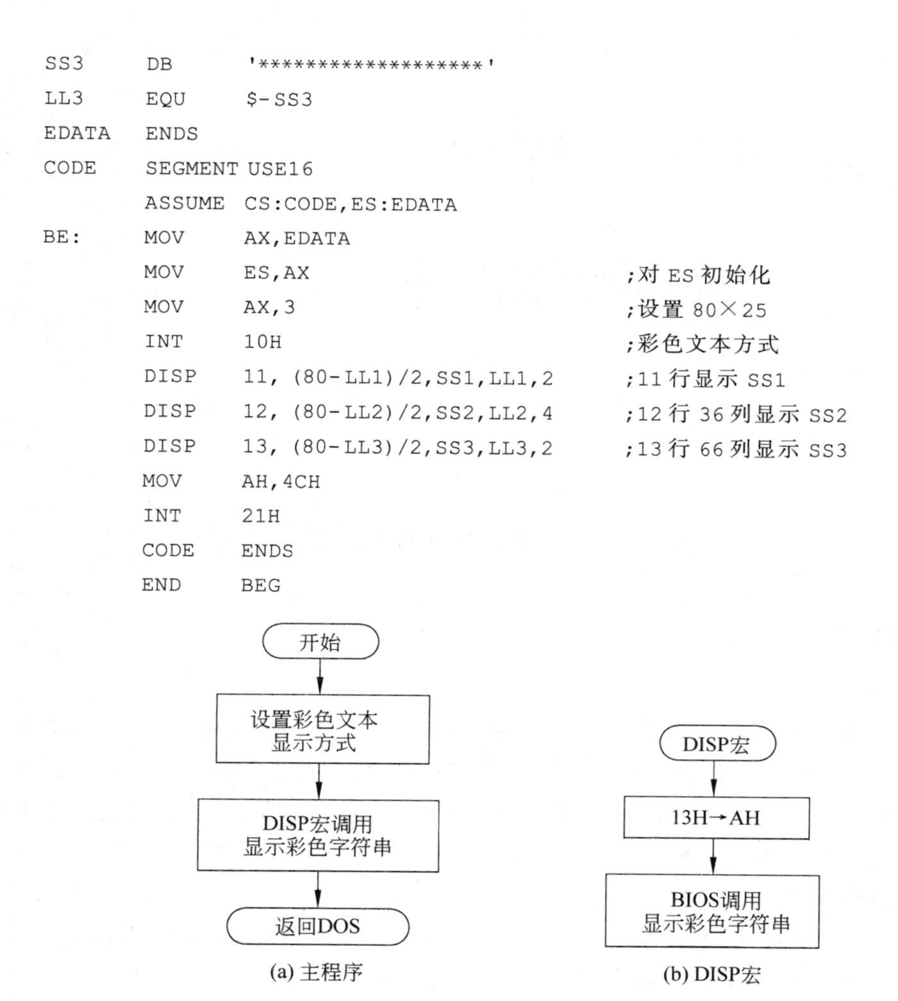

图 2.14　例 2.12 的流程图

【实验 2.16】 利用宏指令，实现在屏幕上顺序显示彩色字符 ABC…Z。

【实验 2.17】 由键盘输入一个 0～9 之间的数，给出必要的提示信息（由宏指令实现），转换为二进制数并显示（由子程序调用实现）。

第3章 chapter 3

应用程序设计实验

3.1 数制及代码转换程序设计

1. 实验说明

1）数制转换

数制是数的表示方法。可以用各种进制来表示数，如二进制、十进制、八进制和十六进制等。由于使用电子器件表示两种状态比较容易实现，也便于存储和运算，所以，电子计算机中一般采用二进制数。但人们编程习惯于使用十进制，因此需要掌握各种进制的表示法及其相互关系和转换方法。

在数值转换中，1位八进制数相当于3位二进制数；1位十六进制数相当于4位二进制数。它们之间的转换十分方便。当十进制数转换为二进制数时，必须将整数部分和小数部分分开。整数常采用“除2取余法”，而小数则采用“乘2取整法”。须注意的是十进制小数并不是都能用有限的二进制小数精确表示，此时要根据精度的要求来确定被转换的二进制位数。二进制数向十进制数的转换常采用权位值相加法，即根据按权展开式把每个数位上的代码和该数位的权值相乘，再求累加和即可得到等值的十进制数。

2）代码转换

BCD码是用4位二进制数编码表示1位十进制数。它有多种表示方法，常用的是8421 BCD码。它分别取0000B～1001B这10种代码来表示0～9共10个十进制码，而丢弃了1010B～1111B这6个代码。用BCD码表示的数称为BCD数。BCD数有两种基本的表示形式。

(1) 压缩BCD数：一个十进制数的每位数字按4个二进制位为一组，依次顺序存放，每个字节可以存放两个压缩BCD数。例如，618的压缩BCD形式如下：

	0110		0001	1000

(2) 非压缩BCD数：一个十进制数的每位数字按4个二进制位为一组，依次将每个数字存放在8个二进制位（一字节）的低4位，高4位为0。

0000	0110

0000	0001

0000	1000

ASCII 码是用 7 位二进制数对字母、数字和符号进行编码。它是目前计算机系统中普遍采用的代码。标准 ASCII 码是 7 位二进制数，但由于计算机通常用 8 位二进制数代表一个字节，故标准 ASCII 码也写成 8 位二进制数，但最高位 D7 位恒为 0。D6～D0 代表字符的编码。

数制和代码转换是计算机应用中常碰到的问题。从输入设备(如键盘)输入一个数时，机器内部保存的是相应的 ASCII 码。例如，通过 0AH 号 DOS 功能调用，从键盘上接收十进制数 1991。这时，存储单元中保存的是 31H、39H、39H 和 31H。当数据处理结束输出结果时，也要进行相同的处理，因为显示器和打印机等输出设备同样也接收字符的 ASCII 码。例如，通过 9 号功能调用显示十六进制数的运算结果 8C3B，必须送 4 个 ASCII 码 38H、43H、33H 和 42H 给显示器。

2. 实验目的和要求

掌握各种数制之间的转换程序的设计；掌握代码的输入、转换和显示程序的设计。

3. 实验示例

【例 3.1】 从键盘输入任意 4 位十进制数，并将其转换为等值二进制数送屏幕显示。程序执行后，要求操作员输入 4 位十进制数，然后程序立即进行转换，显示出等值的二进制数。显示格式示范如下：

1111D=0000010001010111B

【程序分析】

(1) 根据设计要求，程序应首先判别输入的数据是否在 0～9 之间，不在这个范围就是非法键入。

(2) DOS 系统的 7 号和 8 号子功能，对输入的字符没有回显功能，如果输入的字符是合法数据，再用字符输出的功能调用显示合法字符。

【程序流程图】

程序流程图如图 3.1 所示。

【程序清单】

```
;FILENAME: EXA311.ASM
.486
DISP    MACRO NNN
        MOV AH,0EH
        MOV AL,NNN
        INT 10H
        ENDM
DATA    SEGMENT USE16
MESG    DB 'Please Input 4 decimal numbers',0DH,0AH,'$'
DATA    ENDS
```

```
CODE    SEGMENT USE16
        ASSUME  CS:CODE,DS:DATA
BEG:    MOV     AX,DATA
        MOV     DS,AX
        MOV     AH,9
        MOV     DX,OFFSET MESG
        INT     21H
        MOV     CX,4
```

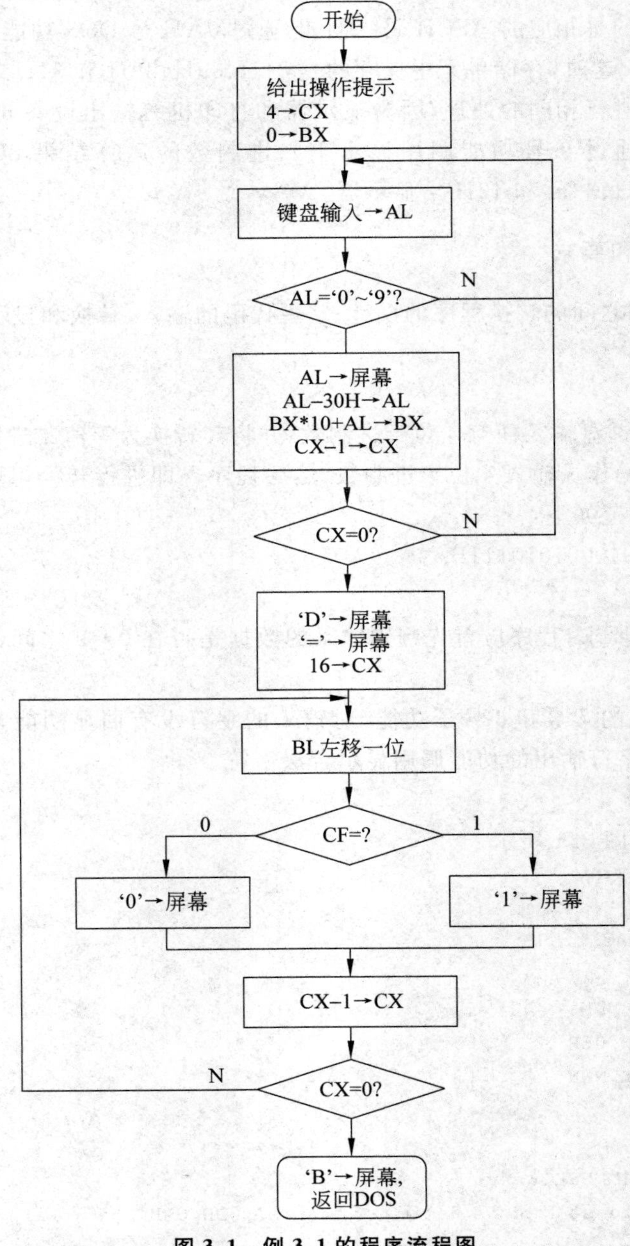

图 3.1　例 3.1 的程序流程图

```
        MOV     BX,0
AGA:    MOV     AH,0
        INT     16H
        CMP     AL,30H
        JC      AGA                 ;非法输入,转向 AGA
        CMP     AL,3AH
        JA      AGA                 ;非法输入,转向 AGA
        DISP    AL                  ;显示位代码
        SUB     AL,30H              ;将 ASCII 码转换为二进制数
        IMUL    BX,10
        MOV     AH,0
        ADD     BX,AX               ;生成二进制数
        LOOP    AGA
        DISP    'D'                 ;显示'D'
        DISP    '='                 ;显示'='
        MOV     CX,16
LAST:   MOV     DL,'0'
        RCL     BX,1
        JNC     NEXT
        MOV     DL,'1'
NEXT:   DISP    DL                  ;依次显示二进制数
        LOOP    LAST
        DISP    'B'                 ;显示'B'
        MOV     AH,4CH
        INT     21H
CODE    ENDS
        END     BEG
```

【例 3.2】 实现将 FIRST 字单元的内容以十六进制数格式显在屏幕上。

【程序分析】

在进行十六进制数显示时，必须首先截取 4 位二进制数，然后判断其数值范围，再将该数转换成相应的 ASCII 码送屏幕显示。当 4 位二进制数等于 0000～1001 时，该数加上 30H 就等于相应十六进制数的 ASCII 码；当 4 位二进制数等于 1010～1111 时，该数加上 37H 就等于相应十六进制数的 ASCII 码。

【程序流程图】

程序流程图如图 3.2 所示。

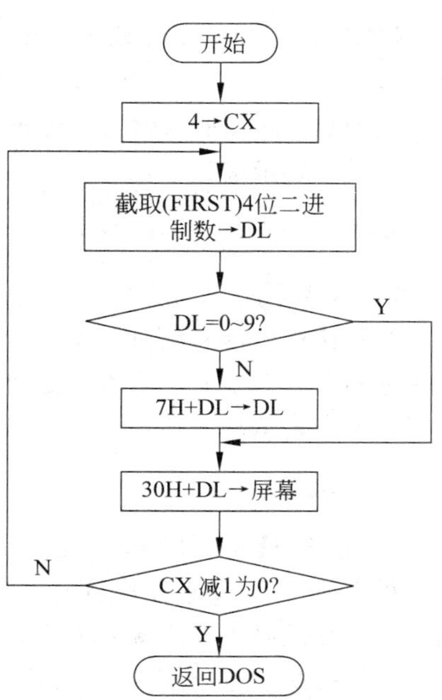

图 3.2 例 3.2 的程序流程图

【程序清单】

```
;FILENAME: EXA312.ASM
.486
```

```
DATA    SEGMENT USE16
FIRST   DW      5A6BH
DATA    ENDS
CODE    SEGMENT USE16
        ASSUME CS:CODE,DS:DATA
BEG:    MOV     AX,DATA
        MOV     DS,AX
        MOV     CX,4
LAST:   ROL     FIRST,4
        MOV     DX,FIRST
        AND     DL,0FH                  ;先截取4位二进制数
        CMP     DL,10                   ;4位二进制数是否等于0000~1001
        JC      NEXT                    ;是,转向NEXT
        ADD     DL,7                    ;4位二进制数等于1010~1111时,该数先加7
NEXT:   ADD     DL,30H                  ;两个分支的汇合点,该数再加上30H
        MOV     AH,2                    ;显示
        INT     21H
        LOOP    LAST
        MOV     AH,4CH
        INT     21H
CODE    ENDS
        END     BEG
```

4. 实验项目

【实验3.1】 从键盘输入一个16位二进制数,然后转换成等值的十进制显示。

程序执行后,要求操作员输入16位二进制数,然后程序立即进行转换,显示出等值的十进制数。对于非法输入不受理,不回显,也不显示错误信息。

显示格式示范如下:

```
0000010011101011B=1259D
```

【实验3.2】 从键盘输入任意4位十进制数,然后转换成等值的十六进制数显示。

程序执行后,要求操作员输入4位十进制数,然后程序立即进行转换,显示出等值的十六进制数。对于非法输入不受理,不回显,也不显示错误信息。

显示格式示范如下:

```
1000=03E8H
```

【实验3.3】 从键盘输入任意2位十六进制数,然后转换成等值的二进制数显示。

程序执行后,要求操作员输入2位十六进制数,然后程序立即进行转换,显示出等值的二进制数。对于非法输入不受理,不回显,也不显示错误信息。

显示格式示范如下:

```
4BH=01001011B
```

【实验 3.4】 将 AX 寄存器中的 4 位压缩 BCD 码转换为二进制数，并送屏幕显示。

【实验 3.5】 假设 DH 寄存器中为一个 8 位的无符号二进制数(0～255)。

设计一个程序完成两项要求：

将其转换为压缩 BCD 码，保存在 BCD 字单元中。

将 BCD 字单元中的压缩 BCD 码以十六进制的形式，显示在屏幕上。

显示格式示范如下(假设 DH=11111111B)：

```
DH=255H
```

3.2 数值计算程序设计

1. 实验说明

汇编语言中，可进行数值计算的仅有加、减、乘、除、移位等最基本的指令。运用这些基本指令完成稍微复杂一些的数值计算都是比较困难的。首先要探讨计算方法，将某一问题分解成能够用加、减、乘、除完成的基本操作，然后才能着手编程。

2. 实验要求

掌握加、减、乘、除等基本运算指令，掌握多字节数据运算的实现方法，掌握数值计算的编程。

3. 实验示例

【例 3.3】 设 BUF 字单元中存放某 16 位二进制数，编写程序求其平方根和余数，将它们分别存放于 ANS 和 REMAIN 中。

【程序分析】

求平方根有多种方法，这里采用连续减奇数的方法。程序首先判断开平方的数是否是 0。若是 0，则平方根也为 0；若不是 0，则从 1 开始连续减递增奇数，直到不够减为止。减的次数即为平方根，剩的数则是余数。

【程序流程图】

程序流程图如图 3.3 所示。

【程序清单】

```
;FILENAME: EXA321.ASM
.486
DATA    SEGMENT USE16
BUF     DW 7856H
ANS     DB 0
REMAIN  DW 0
DATA    ENDS
CODE    SEGMENT USE16
```

```
        ASSUME CS:CODE,DS:DATA
BEG:    MOV    AX,DATA
        MOV    DS,AX
        MOV    BL,0
        MOV    DX,1
        MOV    AX,BUF
GOON:   CMP    AX,DX
        JC     NEXT
        SUB    AX,DX
        INC    BL
        INC    DX
        INC    DX
        JMP    GOON
NEXT:   MOV    ANS,BL
        MOV    REMAIN,AX
        MOV    AH,4CH
        INT    21H
CODE    ENDS
        END    BEG
```

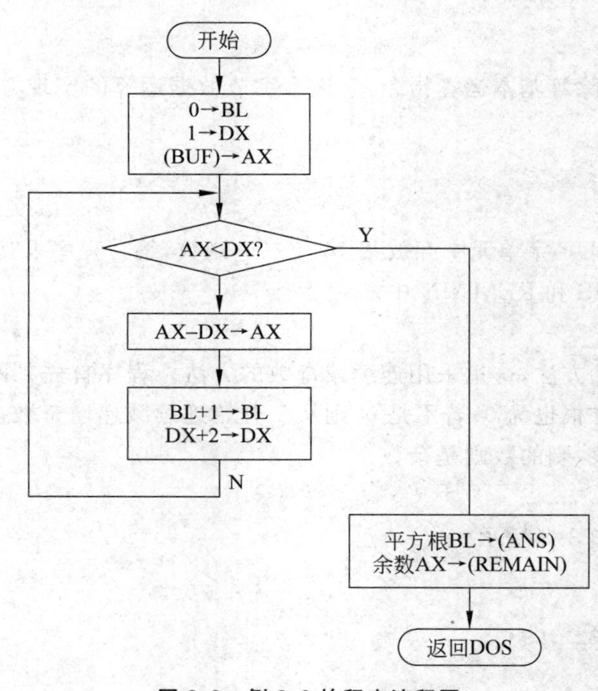

图 3.3　例 3.3 的程序流程图

【例 3.4】 多字节乘法：设 X、Y 两个变量都是 64 位的无符号数，编写程序计算 $X\times Y$ 的值。

【程序分析】

由于 A、B 两个变量都是 64 位二进制数，相乘的结果将是一个 128 位范围内的二进制数。对32位机来讲，不能用一条算术运算指令直接得到结果。应将乘数和被乘数分为两个32位二进制数，分别按32位进行相乘。假设被乘数分成两个32位二进制数 X_0、X_1，被乘数分成两个32位二进制数 Y_0、Y_1，则：

$$Y = Y_1Y_0 = Y_1 * 2^{32} + Y_0$$

$$X = X_1X_0 = X_1 * 2^{32} + X_0$$

$$X * Y = (Y_1 * 2^{32} + Y_0) * (X_1 * 2^{32} + X_0)$$

$$= Y_1 * X_1 * 2^{64} + Y_1 * X_0 * 2^{32} + Y_0 * X_1 * 2^{32} + Y_0 * X_0$$

从上式可见，64乘64位可转换为4次32位与32位的乘法，然后再进行移位相加就得到乘积。乘积为128位，需放在16个内存单元中。

【程序流程图】

程序流程图如图3.4所示。

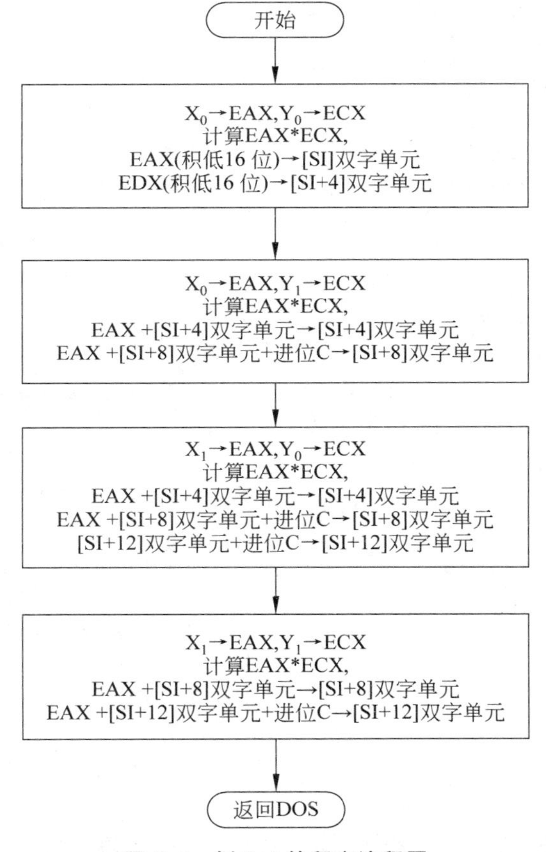

图3.4 例3.4的程序流程图

【程序清单】

```
;FILENAME: EXA322.ASM
.486
DATA    SEGMENT USE16
```

```
X       DQ    1122334455667788H
Y       DQ    556677889900AABBH
Z       DD    4 DUP(?)
DATA    ENDS
CODE    SEGMENT  USE16
        ASSUME  CS:CODE,DS:DATA
BEG:    MOV   AX,DATA
        MOV   DS,AX
        MOV   SI,OFFSET Z
        MOV   EAX,DWORD PTR X
        MOV   ECX,DWORD PTR Y
        MUL   ECX                          ;Y0 * X0
        MOV   [SI],EAX
        MOV   [SI+4],EDX
        MOV   EAX,DWORD PTR X
        MOV   ECX,DWORD PTR Y+4
        MUL   ECX
        ADD   [SI+4],EAX
        ADC   WORD PTR [SI+8],EDX          ;Y0 * X0+Y1 * X0 * 2^32
        MOV   EAX,DWORD PTR X+4
        MOV   ECX,DWORD PTR Y
        MUL   ECX
        ADD   [SI+4],EAX
        ADC   [SI+8],EDX
        ADC   DWORD PTR [SI+12],0          ;Y1 * X0 * 2^32+Y0 * X1 * 2^32+Y0 * X0
        MOV   EAX,DWORD PTR X+4
        MOV   ECX,DWORD PTR Y+4
        MUL   ECX
        ADD   [SI+8],EAX
        ADC   [SI+12],EDX                  ;Y1 * X1 * 2^64+Y1 * X0 * 2^32+Y0 * X1 * 2^32+Y0 * X0
        MOV   AH,4CH
        INT   21H
CODE    ENDS
END     BEG
```

4. 实验项目

【实验 3.6】 找出 n 的值，使得 $1^2+2^2+3^2+\cdots+n^2$ 的和为大于 1000 的最小值。

【实验 3.7】 设 A、B 两个变量都是 6 字节的无符号数，编写程序计算 $A+B$ 的值。

【实验 3.8】 设被除数为 16 个字节的 A，而除数为 4 个字节的 B，编写程序计算 $A\div B$，商放在 RESULT 中，余数放在 EXTRA 中。

【实验 3.9】 假设内存缓冲区自 A 单元开始存放着 3 位非压缩 BCD 码数 345，自 B 单元开始存放着 3 位非压缩 BCD 码数 789，编写程序计算 345×89 的值。

【实验 3.10】 编写递归程序，计算 ackerma 函数 ACK(m,n)的值并以十进制的格式显示。

对于 $m \geqslant 0$ 和 $n \geqslant 0$ 的函数 ACK(m,n)由下式定义：

$$\mathrm{ACK}(0,n) = n+1$$
$$\mathrm{ACK}(m,0) = \mathrm{ACK}(m-1,1)$$
$$\mathrm{ACK}(m,n) = \mathrm{ACK}(m-1,\mathrm{ACK}(m,n-1))$$

如果 m 和 n 都大于零，则转递归子程序 ACK；在计算 ACK(m,n)函数值时，当 n 等于零，m 不为零则递归以降低 m 的值；当 m 等于零，则递归结束，求得函数值 $n+1$。

要求：m、n 在主程序中从键盘输入，如果 m 或 n 小于零，则显示"Error input data!"。

3.3 字符串操作程序设计

1. 实验说明

字符串的处理是汇编语言程序设计的一个重要部分。串操作一般包括数据块移动、串排序、串搜索、串比较、串复制、串插入、串删除、串交换以及大小写字母转换等内容。编写字符串操作程序时经常会用到 80x86 的串操作指令。

1) 数据块移动

数据块移动指将源缓冲区中的字符串传送到目的缓冲区中(简称串传送)。根据串传送指令(MOVSB、MOVSW 或 MOVSD)的约定，串传送前源串和目的串的首地址(假定是增址传送)或末地址(假定是减址传送)送入 SI 和 DI 寄存器，源串和目的串的段基址送入 DS 和 ES 寄存器，重复次数送入 CX 寄存器。同时，要将方向标志位清 0(正向传送)或置 1(反向传送)。

为了简化程序设计，串传送也可在同一个段内进行。不单独设置附加段，而是定义数据段和附加段为同一地址空间，即在 ASSUME 语句中说明 DS 和 ES 寻址同一个逻辑段，在其后的赋值语句中，给 DS 和 ES 赋予同一个逻辑段的段基址，即可达到目的了。

2) 串搜索

串搜索可理解为扫描某个串，寻找该串中是否含有某一个关键字(串搜索指令 SCASB、SCASW 或 SCASD)。在串搜索前关键字送入 AL(字节搜索)、AX(字搜索)或 EAX(双字搜索)寄存器，串对应的逻辑地址送 ES:DI 寄存器，串长度放在 CX 寄存器中。

3) 串比较

串比较执行的是源串(由 DS:SI 寻址)与目的串(由 ES:DI 寻址)之间的比较(串比较指令为 CMPSB、CMPSW 或 CMPSD)。

4) 串删除

若要求删除串中所指定的字符，则要首先找到该字符，然后将其删除。要在串中某一个位置删除一个字符，则只要将该字符后面的子串向前移动一个单元，并修改字符串长度即可。子串前移的目的地址就是被删除的字符位置，而源串首地址就是被删除字符的下一个字符的地址，传送的长度就是REPNE SCASB指令执行后的CX值。

5）串插入

在字符串中插入一个字符的操作与删除一个字符的操作有某些相同之处。如果说删除一个字符的操作是将被删字符串中的剩余字符串向前移动一个单元的话，那么插入一个字符实际上是将被搜索的字符向后移一个字符，以空出一个单元存放插入的字符。若插入的不是一个字符，而是一个子串，则被搜索的字符向后移动的单元数刚好是插入子串的长度。

2. 实验目的

掌握串指令的使用，掌握字符串操作程序的编写。

3. 实验示例

【例3.5】 串删除。

设NUM单元为数据个数，NUM+1单元开始是一张无序表，现要求删除其中所有的'E'字符。

【程序分析】

对于无序表，应从第一个数开始依次搜索，当找到需要删除的数据之后，只需将后继的数据块依次向低地址方向移动一个字节，将需要删除的数据覆盖掉，就完成了删除任务。为了继续查找并删除指定字符，上一次串传送目的缓冲区的首地址就是继续查找的串首址，CX值就是继续查找的次数，应该及时加以保护。本程序采用了数据段和附加段重叠的编程方法。为了验证，本程序另设计一个DISP子程序，用来显示删除操作之后的数据表内容。

【程序流程图】

程序流程图如图3.5所示。

【程序清单】

```
;FILENAME: EXA331.ASM
.486
DATA    SEGMENT USE16
NUM     DB    10,'ABCDEFWEGA'
DATA    ENDS
CODE    SEGMENT USE16
        ASSUME CS:CODE,DS:DATA,ES:DATA
BEG:    MOV   AX,DATA
        MOV   DS,AX
        MOV   ES,AX
        MOV   AL,'E'                          ;关键字→AL
        MOV   CH,0
        MOV   CL,NUM                          ;数据串长度→CX
        MOV   DI,OFFSET NUM+1                 ;串首址→ES:DI
```

```
AGA:    CLD
        REPNE SCASB                     ;搜索关键字
        JNZ   EXIT
        MOV   SI,DI
        DEC   DI
        PUSH  DI                        ;保存继续查找的首地址
        PUSH  CX                        ;保存继续查找的次数
        REP   MOVSB                     ;后继数据块上移一个单元
        DEC   NUM                       ;串长度减 1
        POP   CX                        ;恢复继续查找的首地址
        POP   DI                        ;恢复继续查找的次数
        JMP   AGA
EXIT:   CALL  DISP
        MOV   AH,4CH
        INT   21H
DISP    PROC
        MOV   BL,NUM
        MOV   BH,0
        MOV   SI,OFFSET NUM+1
```

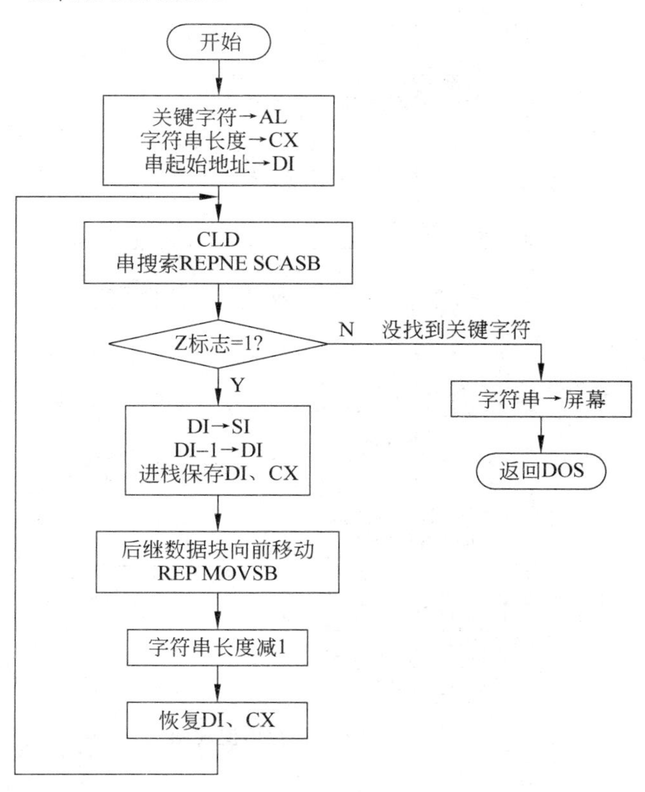

图 3.5　例 3.5 的程序流程图

```
        MOV   BYTE PTR [BX+SI],'$'
        MOV   AH,9
        MOV   DX,OFFSET NUM+1
        INT   21H
        RET
DISP    ENDP
CODE    ENDS
        END   BEG
```

【例 3.6】 串插入。

设 NUM 单元为数据个数，NUM+1 单元开始是一张无序表，现要求在第一个'B'字符后插入一个子串，其长度为 5。该子串存于 INS 开始的内存单元。

【程序分析】

字符串插入操作应分三步：第一步，首先找到插入位置。第二步后移字符串；第三步完成插入工作。后两步实质上都是数据块的传送操作。但第二步的传送，应为反向传送，否则将由于源块和目的块的重叠而破坏源块的数据。

【程序流程图】

程序流程图如图 3.6 所示。

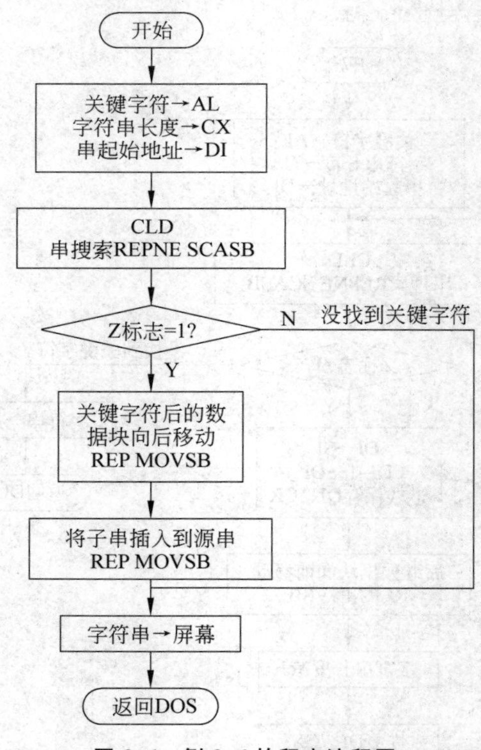

图 3.6　例 3.6 的程序流程图

【程序清单】

```
;FILENAME: EXA332.ASM
.486
DATA    SEGMENT USE16
NUM     DB      10,'ABCDEFWEGA'
FREE    DB      10 DUP(?)
INSER   DB      'INSER'
LEN     EQU     $-INSER
DATA    ENDS
CODE    SEGMENT USE16
        ASSUME CS:CODE,DS:DATA,ES:DATA
BEG:    MOV     AX,DATA
        MOV     DS,AX
        MOV     ES,AX
        MOV     AL,'B'                              ;关键字→AL
        MOV     CH,0
        MOV     CL,NUM                              ;数据串长度→CX
        MOV     DI,OFFSET NUM+1                     ;串首址→ES:DI
AGA:    CLD
        REPNE SCASB                                 ;搜索关键字
        JNZ     EXIT
        MOV     SI,OFFSET FREE-1
        MOV     DI,OFFSET FREE+LEN-1
        STD
        REP     MOVSB                               ;后移字符串
        MOV     SI,OFFSET INSER+LEN-1
        MOV     CX,LEN
        STD
        REP     MOVSB                               ;插入子串 INSER
EXIT:   CALL    DISP
        MOV     AH, 4CH
        INT     21H
DISP    PROC                                        ;显示字符串
        MOV     FREE+5,'$'
        MOV     AH,9
        MOV     DX,OFFSET NUM+1
        INT     21H
        RET
DISP    ENDP
CODE    ENDS
        END     BEG
```

4. 实验项目

【实验 3.11】 将数据段中 STRING1 为首地址的 10 个字节传送到附加段的

STRING2 缓冲区中，并显示目的串的内容。

【实验 3.12】 用串操作指令设计程序，实现在存储区（起始地址为 DS:1000H，长度为 100H）中寻找空格字符（20H）。若找到，则在屏幕上显示字符'Y'，否则屏幕上显示字符'N'。

【实验 3.13】 假设内存缓冲区自 BUF 单元开始连续存放着字符串'THIS IS COMPUTER'，编程统计其包含着多少个子串'IS'，并将统计的个数以十进制形式显示在屏幕上。

【实验 3.14】 假设内存缓冲区自 BUF 单元开始连续存放 50 个字节数据，编写程序将这些数据由小到大排序，排序后的数据仍放在该缓冲区中。要求原始数据在源程序中给出，排序前后的数据以每行 10 个的格式显示在屏幕上。

【实验 3.15】 从键盘连续输入一字符串（字符串长度≤16 个字符，其中有 $ 符号）。设计程序完成以下要求。

(1) 用十六进制显示 $ 的位置（0～F）。

(2) 从输入字符串中删去 $ 符，并将删除后的字符串反向显示出来。

例如：

```
INPUT STRING: AdfgghKSDasdA$ jK (回车)
D
KjAdsaDSKhggfdA
```

【实验 3.16】 从键盘连续输入一字符串（字符串长度<80 个字符）。设计程序完成以下要求。

(1) 以十六进制输出字符串中非字母字符的个数。

(2) 把字符串中的大写字母变为小写并输出。

(3) 找到输入字符串中 ASCII 码值最大的字符并输出。

【实验 3.17】 通信字识别。

程序执行后，给出简单明了的操作提示，请用户给出"通信字"。只有当用户输入的字符串和程序定义的字符串相同时，程序才能返回 DOS。具体设计要求如下。

(1) 界面颜色自定（彩色或黑白），界面清晰美观。

(2) 为了保密，用户利用系统功能调用输入的字符不应当如实回显在屏幕上，且程序在接收输入的过程中不响应 Ctrl_C。

【实验 3.18】 用户登录验证程序的实现。

程序执行后，给出操作提示，请用户输入用户名和密码；用户在输入密码时，程序不回显输入字符；只有当用户输入的用户名、密码字符串和程序内定的字符串相同时，才显示欢迎界面，并返回 DOS。界面颜色自定（彩色或黑白）。

3.4 图形显示程序设计

1. 实验说明

在图形领域中，汇编语言具有潜在的优点，因为显示屏幕上的一个图像由成千上万个像素组成，处理这些图像需要大量的指令。以速度而论，汇编语言远比高级语言快得多，最高级的图形技术，例如动画，只能以汇编语言设计才更逼真、更有效。

1）显示适配器

显示方式与显示适配器（显示卡）及显示器密切相关，IBM-PC 系列微机中，先后提供了多种显示适配器，显示适配器的功能基本是向下兼容，即新型显示卡功能包括前一档次显示卡的显示功能，而又有所增强，表 3-1 给出了常用显示适配器的基本技术指标。

表 3.1 常用显示适配器的基本技术指标

类　型	图形分辨率/像素	彩色度(灰度)
单色字符显示适配器(MDA)	720×350	2
彩色图形适配器(CGA)	320×200 640×200	16 选 4
增强型图形适配器(EGA)	640×350	64 选 16
视频图形阵列(VGA)	640×480	256
超级视频图形适配器(SVGA)	1024×768 1280×1024 1680×1280	16M
局部高性能总线显示卡(PCI)	1024×768 1280×1024 1680×1280	16M
图形加速阵列(AGP)	1024×768 1280×1024 1680×1280	4G

2）显示方式

EGA/VGA 显示方式分为两类：文本方式和图形方式。文本方式主要用于字符文本处理。在图形方式中，彩色图形适配器把屏幕分成 $m\times n$ 的点阵，每个点的坐标上的图像元素就是一个像素(Pixel)。通过读写屏幕上各像素点，显示出单色或彩色图形。由于设置或改变 PC 的显示方式对时间的要求不严格，而要编写设置或改变显示方式的程序很困难，因此设置 EGA/VGA 显示方式一般由 BIOS 调用 INT 10H 来完成，表 3.2 列出了几种 EGA/VGA 常用的显示方式。而对于 SVGA 显示方式，视频电子学标准协会(Video Electronics Standards Association，VESA)提出了一组扩展的 BIOS 功能调用接口——VBE(VESA BIOS Extension)标准，是通过一组 AH＝4FH 的 BIOS 功能调用来实现的。

表 3.2 INT 10H 设置显示方式功能（AH＝00H）

模　式	分辨率/像素	工作方式	色　数	显示卡
AL＝0	40×25	文本方式	16 级灰度	CGA
AL＝1	40×25	文本方式	16	CGA
AL＝2	80×25	文本方式	16 级灰度	CGA
AL＝3	80×25	文本方式	16	CGA
AL＝4	320×200	图形方式	4	CGA
AL＝5	320×200	图形方式	2	CGA
AL＝6	640×200	图形方式	2	CGA
AL＝0DH	320×200	图形方式	16	EGA
AL＝0EH	640×200	图形方式	16	EGA
AL＝0FH	640×350	图形方式	4	EGA
AL＝10H	640×350	图形方式	16	EGA
AL＝11H	640×480	图形方式	2	VGA
AL＝12H	640×480	图形方式	16	VGA
AL＝13H	320×200	图形方式	256	VGA

3）EGA/VGA 视频显示存储器的工作原理

适配器主要是由视频控制器和视频显示 RAM 组成。在显示器上显示的信息（文本或图形数据）都存放在称为视频显示 RAM 的存储器中。CPU 对视频显示 RAM 和对其他 RAM 一样可以寻址，所以程序可以通过指令对视频 RAM 读取和写入。为了显示信息，视频控制器会连续地重复地读取视频显示 RAM 中的数据，并把它转换成能在屏幕上显示的信号。所以改变视频显示 RAM 中的内容，屏幕上的画面也随之改变。

在 EGA/VGA 的图形方式下，像素的存取是采取一种位映像的方式。对视频 RAM 的一个单元进行读写操作，将会从 4 个并行的位面存取 4 个字节的数据。

（1）EGA 视频存储器。

对于 EGA，视频 RAM 的大小为 256KB，最多可显示 64 种颜色，但同时在屏幕上可显示的颜色数只有 16 种。EGA 的图形存储器定位在 A0000H～AFFFFH 的一个独立的 64KB 的地址空间中。IBM PC 将视频 RAM 组织为 4 个并行的位平面，每个位平面 64KB，以页方式寻址来存放视频 RAM 的全部 256KB。

如图 3.7(a)所示的存储器位面结构中，位面上的每个字节表示屏幕上的 8 个像素，每位代表 4 位颜色值中的 1 位，4 个位平面上同一地址的 4 位可表示 $2^4=16$ 种颜色。EGA 适配器中，还设置了 16 个调色板寄存器，用来表示 64 种颜色。

例如，EGA 支持的 640×350 像素、16 色显示方式。每个位面需要 28 000 个字节对应 640×350＝224 000 个像素进行寻址。在位面的前 80 个字节中存放的是第一个 640 位的扫描行，紧接着的 80 个字节中存放的是第二个扫描行，依次类推。像素的颜色由同一地址而又分别位于4个平面的4位来组合。如果要改变视频显示器的一个像素，就必须对描述该像素的4位信息进行修改。

(2) VGA视频存储器。

对VGA，视频RAM的大小通常也为256KB。支持的像素数增至640×480，可同时显示16种颜色，最多可显示256种颜色。

在640×480分辨率、16色的图形显示方式，VGA的图形存储器也定位在A0000H～AFFFFH的一个独立的64KB的地址空间中，由4个64KB的位面组成。

VGA的图形方式13H是一种320×200的低分辨率显示方式，但它显示的颜色可达256种，因而要求一个元素用8位表示。在这种方式，视频存储器的组织形式与16色的不同，视频存储器位面上的一个字节表示一个像素，而不是8个像素。表示像素0的字节位于位面0，表示像素1的字节位于位面1，表示像素2的字节位于位面2，表示像素3的字节位于位面3，表示像素4的字节位于位面0，跟在像素0后面，依次类推，如图3.7所示。

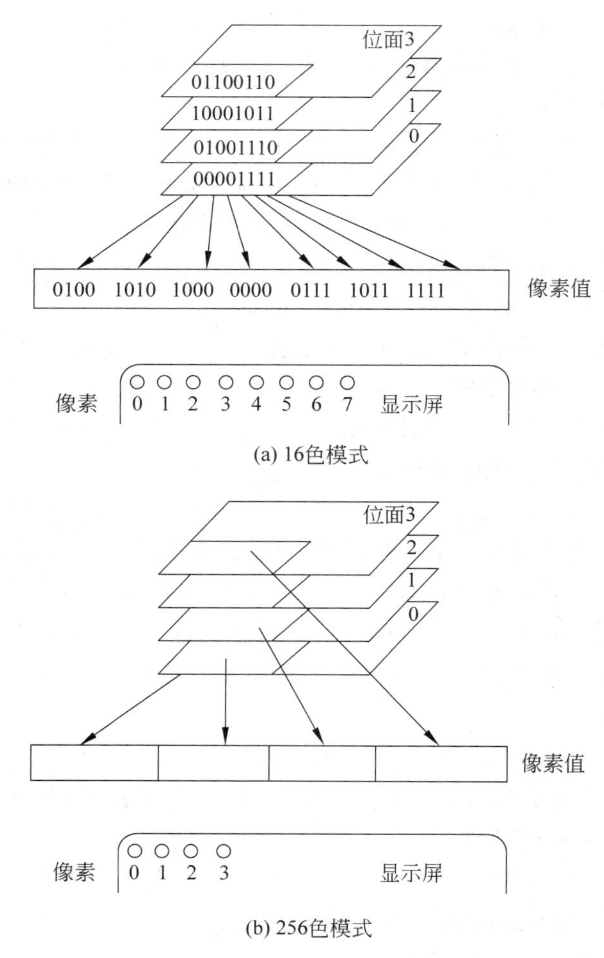

图3.7 EGA和VGA的位面结构

4) EGA/BGA 图形程序设计

在图形方式下,可以利用 BIOS INT 10H 功能或采用直接访问显示存储器的方法对屏幕上的像素进行读写和处理。调用 BIOS 程序通用性和移植性好,但效率较低。如果采用直接访问显示存储器的方法,速度快,效率高,但通用性和移植性较差,而且要求程序员必须了解视频显示 RAM 的组织方式和表示像素的数据结构。在目前 BIOS 提供图形处理能力还相对较弱的情况下,许多图形程序都采用了直接访问显示存储器的方法。

(1) 直接访问显示存储器。

用于 EGA 和 VGA 标准的位面结构的一个重要特征是,在指定的图形方式中,通过设置位面的存储位来确定每个像素的显示状态。要读写某个像素时,程序必须首先计算出这个像素在显存中的位地址。对于不同的显示方式,所支持的分辨率不同,因此根据每行像素数和屏幕上的总行数,计算方法也不同。然而对所有位面结构的显示方式,地址映像操作都需要计算两个值:一个是含有该像素存储位的字节地址,另一个是分离像素位所需要的掩码。位掩码必须放入图形控制器的位屏蔽寄存器。用户可参考例 3.7。

EGA/VGA 中除了显示存储器之外,还包括图形控制器、并-串转换器、属性控制器及操作定序器等组成部分。

图形控制器共有 9 个控制寄存器,它们的存取操作均通过地址寄存器(口地址为 3CEH)和数据寄存器(口地址为 3CFH)来进行,前者放索引号,后者存放向索引号所指定的寄存器写入或读出的数据。存放位掩码的位屏蔽寄存器的索引号为 8。置位/复位寄存器的索引号为 0,用来存放向显示存储器写入的颜色。置位/复位允许寄存器的索引号为 1,用来决定置位/复位操作对哪几个位平面进行。

操作定序器共有 5 个寄存器,它们的存取操作与图形控制器相似,软件通过向地址寄存器(口地址为 3C4H)和数据寄存器(口地址为 3C5H)来进行,前者放索引号,后者存放向索引号所指定的寄存器写入或读出的数据。位平面屏蔽寄存器的索引号为 2,它可以允许或禁止 CPU 访问指定的位平面。

对于 VGA 的图形方式 13H 不需要通过位映像的方法逐一计算屏幕上的像素值。视频 RAM 中的每个字节描述一个单独的屏幕像素,字节的 8 位值就是一个像素的属性值(表示颜色)。显存的第一个字节(A0000:0000)对应屏幕左上角的第一个元素,显存的最后一个字节(A0000:F9FF)对应屏幕右下角的最后一个元素。正因为 256 色、320×200 方式下像素与显存字节有一一对应的关系,所以相应的软件编写起来相对简单。用户可参考例 3.8。

(2) BIOS 图形程序设计。

当 EGA/VGA 为图形方式时,BIOS 有两个调用用于读写,即 INT 10H 的 AH=0CH(写像素),AH=0DH(读像素)。

INT 10H,AH=0CH 写像素

入口参数:AL=像素点颜色

BH=显示页号

CX=像素点所在的列号

DX=像素点所在的行号

INT 10H,AH=0DH 读像素

入口参数:BH=显示页号

CX=像素点所在的列号

DX=像素点所在的行号

返回参数 :AL=像素点颜色

点、线、圆、弧是构成计算机图形的基本图素,所有的计算机图形都能由这些图素组成。由于篇幅所限,本书只简单介绍计算机图形设计的基本知识,在具体编程时,还有许多细节值得研究,请读者参考有关资料。

5) 动画程序设计

动画就是在不同的时间坐标上,显示不相同但是其内容又具有连续性的画面(称为"帧")。制作动画,首先需要制作一幅画的"原稿",将这幅画显示在屏幕上,然后对这幅画进行移动、旋转和变换。例如,在连续递增的 X 坐标上不断重画图像,就得到屏幕上的物体从左向右水平地移动的效果。

显示动画的一般过程如下。

(1) 在打算显示图像的区域上,进行"读像素"操作,保存原图像信息。

(2) 在这个区域上,通过"写像素"操作,画出需要显示的图像。

(3) 延时。

(4) 通过"写像素"操作,重画保存的原图像信息(恢复)。

(5) 修改将要显示图像区域的坐标值。

2. 实验目的和要求

掌握汇编语言图形程序设计的基本方法。

3. 实验示例

【例 3.7】 在 16 色、640×480 图形方式下,在屏幕中央显示一红色像素点(采用直接访问显示存储器的方法)。

【程序分析】

(1) GETPB 子程序的功能是获得与这个像素相对应的字节地址和位掩码,要写的像素点的坐标为(row,col)。相应地在数据段定义了行坐标变量单元 ROW 和列坐标变量单元 COL。

$$字节地址为(row\times 640+col)/8$$

位掩码是通过对一个基本位模式 10000000 右移来获得,移位次数是 row 除以 8 得到的余数。

(2) EGA/VGA 的读-改-写是一个两步的过程,先要使用读操作把显存中的数据读入暂存器,然后才进行写操作把修改过的像素数据写回到原来的显存地址中去。

为了读者调用方便,本例写像素点设计成子程序形式。子程序名称为 WPOINT,调用前只需将要写像素点的行坐标、列坐标、颜色分别赋给 AX、BX、CL。

【程序流程图】

程序流程图如图 3.8 所示。

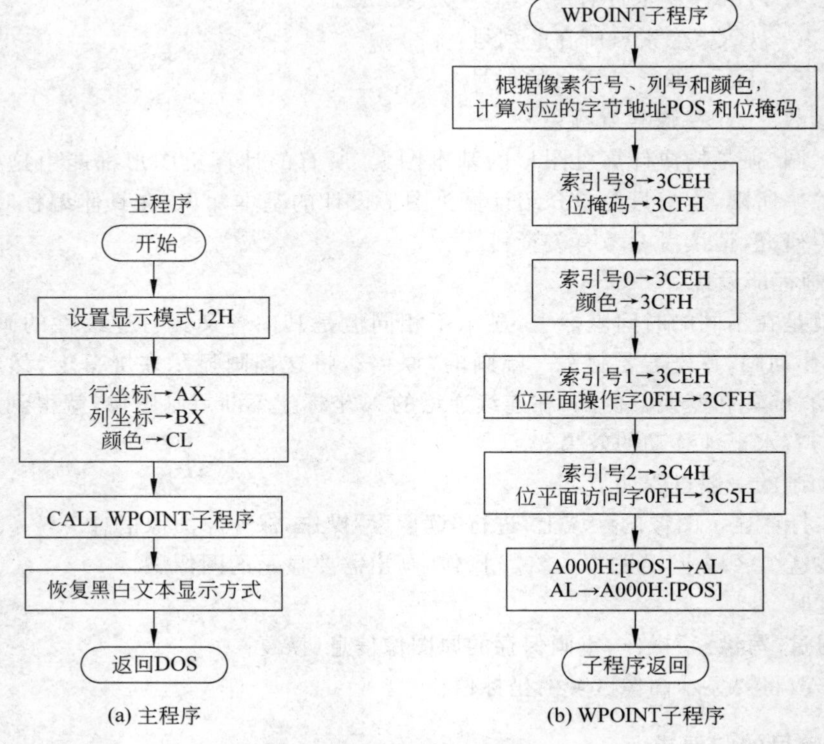

图 3.8　例 3.7 的程序流程图

【程序清单】

```
;FILENAME: EXA341.ASM
.486
DATA    SEGMENT USE16
COL     DW ?
ROW     DW ?
COLOR   DB ?
POS     DW ?
BIT     DB ?
DATA    ENDS
CODE    SEGMENT USE16
        ASSUME CS:CODE,DS:DATA
BEG:    MOV    AX,DATA
        MOV    DS,AX
        MOV    AH,00H
        MOV    AL,12H
        INT    10H              ;设置显示模式 12H
```

```
        MOV     AX,320              ;行
        MOV     BX,240              ;列
        MOV     CL,4                ;颜色
        CALL    WPOINT
        MOV     AH,0                ;按任意键结束程序
        INT     16H
        MOV     AH,0                ;恢复黑白文本方式
        MOV     AL,3
        INT     10H
        MOV     AH,4CH
        INT     21H
WPOINT  PROC
        MOV     COL ,AX
        MOV     ROW, BX
        MOV     COLOR,CL
        CALL    GETPB               ;计算与该像素相对应的字节地址和位掩码
        MOV     DX,3CEH
        MOV     AL,8
        OUT     DX,AL
        MOV     DX,3CFH
        MOV     AL,BIT
        OUT     DX,AL               ;位掩码→位屏蔽寄存器
        MOV     DX,3CEH
        MOV     AL,0
        OUT     DX,AL
        MOV     DX,3CFH
        MOV     AL,COLOR            ;COLOR→置位/复位寄存器
        OUT     DX,AL
        MOV     DX,3CEH
        MOV     AL,1
        OUT     DX,AL
        MOV     DX,3CFH             ;置位/复位操作对 4 个位平面同时进行
        MOV     AL,0FH
        OUT     DX,AL
        MOV     DX,3C4H
        MOV     AL,2
        OUT     DX,AL
        MOV     DX,3C5H
        MOV     AL,0FH
        OUT     DX,AL               ;0FH→位平面屏蔽寄存器,可同时对 4 个位平面写入
        MOV     SI,0A000H
        MOV     ES,SI
        MOV     BX,POS
        MOV     AL,ES:[BX]
```

```
        MOV     ES:[BX],AL              ;写像素点
        RET
WPOINT  ENDP
GETPB   PROC                            ;OFFSET=80×ROW+COL/8
        MOV     AX,ROW
        MOV     CX,80
        MUL     CX
        MOV     BX,AX
        MOV     AX,COL
        MOV     CL,8
        DIV     CL
        MOV     CL,AH
        MOV     AH,0
        ADD     BX,AX
        MOV     POS,BX                  ;BIT=10000000 >> (ROW MOD 8)
        MOV     AH,10000000B
        SHR     AH,CL
        MOV     BIT,AH
        RET
GETPB   ENDP
CODE    ENDS
END     BEG
```

【例 3.8】 采用256色、320×200图形方式，在屏幕中央画一条通长的红色水平线（采用直接访问显示存储器的方法）。

【程序流程图】

程序流程图如图3.9所示。

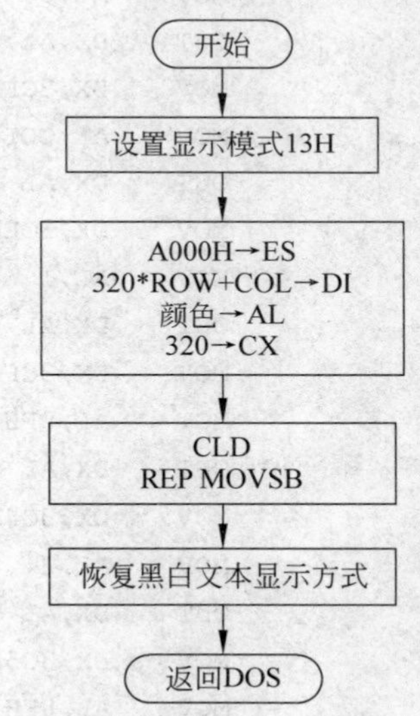

图 3.9 例 3.8 的程序流程图

【程序清单】

```
;FILENAME: EXA342.ASM
.486
DATA    SEGMENT USE16
COL     DW 0
ROW     DW 100
COLOR   DB 4
DATA    ENDS
CODE    SEGMENT USE16
        ASSUME CS:CODE,DS:DATA
BEG:    MOV     AX,DATA
        MOV     DS,AX
        MOV     AH,00H
        MOV     AL,13H                  ;设置显示模式 13H
        INT     10H
        MOV     BX,0A000H
```

```
        MOV     ES,BX
        MOV     AX,320
        MUL     ROW
        MOV     DI,COL
        ADD     DI,AX                   ;起始地址为 320×ROW+COL
        MOV     AL,COLOR
        MOV     CX,320
        CLD
        REP     STOSB                   ;画线
        MOV     AH,0                    ;按任意键结束程序
        INT     16H
        MOV     AH,0                    ;恢复黑白文本方式
        MOV     AL,3
        INT     10H

        MOV     AH,4CH
        INT     21H
CODE    ENDS
        END     BEG
```

【例 3.9】 在屏幕中央画一条通长的红色水平线(采用 BIOS 图形设计的方法)。

【程序流程图】

程序流程图如图 3.10 所示。

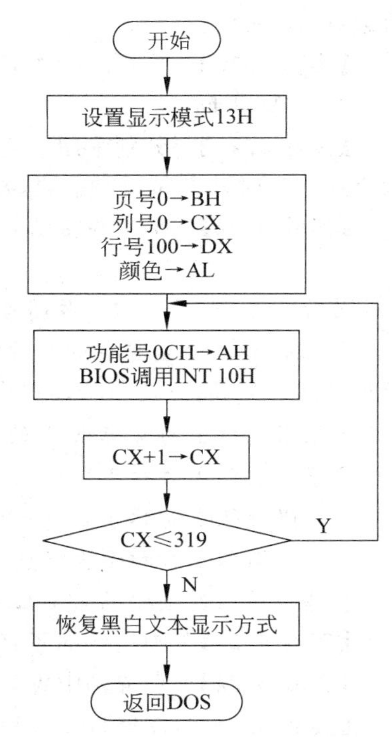

图 3.10 例 3.9 的程序流程图

【程序清单】

```
;FILENAME: EXA343.ASM
.486
DATA    SEGMENT USE16
MODE    EQU     13H                 ;模式字
COLOR   DB      4                   ;像素值
DATA    ENDS
CODE    SEGMENT USE16
        ASSUME CS:CODE,DS:DATA
BEG:    MOV     AX,DATA
        MOV     DS,AX
        MOV     AH,0
        MOV     AL,MODE
        INT     10H                 ;设置显示模式 13H
        MOV     BH,0                ;选择第 0 页
        MOV     CX,0
        MOV     DX,100              ;从 0 列 100 行开始
        MOV     AL,COLOR
LL:     MOV     AH,0CH
```

```
        INT     10H                 ;写一个像点
        INC     CX                  ;列值加 1
        CMP     CX,319
        JNA     LL                  ;小于 320 列转
        MOV     AH,0                ;按任意键结束程序
        INT     16H
        MOV     AH,0                ;恢复黑白文本方式
        MOV     AL,3
        INT     10H
        MOV     AH,4CH
        INT     21H                 ;返回 DOS
CODE    ENDS
        END     BEG
```

4. 实验项目

【实验 3.19】 分别采用直接访问显示存储器和 BIOS 图形设计的方法，以屏幕中心为起点，画一条与正向水平轴成 30°角的斜线。

【实验 3.20】 采用直接访问显示存储器的方法，在屏幕中央画一个红色的五角(图形方式自选，下同)。

【实验 3.21】 分别采用直接访问显示存储器和 BIOS 图形设计的方法，在屏幕中央缓慢地按顺时针方向画一个圆，并比较画图的速度。

【实验 3.22】 采用直接访问显示存储器的方法，在屏幕中央快速按顺时针方向画一个圆。

提示： 为了加快速度，画圆可以只计算四分之一圆弧上的像素点的位置，即一个象限上的圆弧像素点。根据圆的对称性，其余三个象限对称的点的位置只需经过简单的计算即可得到。例如，以圆心(0,0)为参考点，则：

1 象限圆弧上的坐标点 A 的位置为(X,Y)；

2 象限圆弧上对称于坐标点 A 的点的位置为(－X,Y)；

3 象限圆弧上对称于坐标点 A 的点的位置为(－X,－Y)；

4 象限圆弧上对称于坐标点 A 的点的位置为(X,－Y)。

注意： 编程时圆心的实际位置应代入计算；Y 与 X 方向应有比例。

【实验 3.23】 画出奥林匹克的会徽。

【实验 3.24】 在屏幕中央动态地画一条正弦曲线。

【实验 3.25】 在屏幕中央动态地画三相交流电的正弦曲线。

【实验 3.26】 在屏幕上画一个从左向右移动的彩色圆环。

3.5 磁盘文件管理程序设计

1. 实验说明

文件是存放在辅助存储器上的程序和数据。在处理指定文件时，必须使用一个完整

的文件路径名，文件路径名指出该文件在辅助存储器上的位置，由磁盘驱动号、目录路径、文件名和全0字节构成，可定义如下：

```
FILENAME DB 'E:\masm\AA.TXT', 0
```

操作系统为每个处于“活动”状态的文件分配一个16位的文件句柄(handle)，以后对该文件进行读写操作时，就用这个句柄去操作相应的文件。

每个文件都有一个记录该文件特性的字节，称为文件属性，该属性字节相应位置1的定义，如表3.3所示。

表3.3 文件属性字节

D7	D6	D5	D4	D3	D2	D1	D0
0	0	归档位(文件修改标志)	子目录	卷标	系统文件	隐含	只读

磁盘文件的操作可用BIOS或DOS调用来实现，表3.4给出基本的文件管理DOS调用。

表3.4 文件管理功能调用(INT 21H)

AH	功　能	调用参数	返回参数
3CH	新建空文件	DS:DX=文件路径名 CX=文件属性	CF=0:操作成功;AX=文件句柄 CF=1:操作出错;AX=错误代码
3DH	打开文件	DS:DX=文件路径名地址 AL=读写方式字	CF=0:操作成功;AX=文件句柄 CF=1:操作出错;AX=错误代码
3EH	关闭文件	BX=文件句柄	CF=0:操作成功;CF=1:操作出错 AX=错误代码
3FH	读文件或设备	DS:DX=数据缓冲区地址 BX=文件句柄 CX=读取的字节数	CF=0:读成功;AX=实际读入的字节数 AX=0表示文件结束 CF=1:读出错;AX=错误代码
40H	写文件或设备	DS:DX=数据缓冲区地址 BX=文件句柄 CX=写入的字节数	CF=0:写成功;AX=实际写入的字节数 CF=1:写出错;AX=错误代码
42H	移动文件指针	CX=移动字节数(高位) DX=移动字节数(低位) AL=移动方式 BX=文件句柄	CF=0:操作成功; DS:AX=新指针的位置 CF=1:操作失败;AX=错误代码
43H	读写文件属性	DS:DX=文件路径名 AL=0　读文件属性 AL=1　置文件属性 CX=新属性	CF=0:操作成功,AL=0,CX=属性 CF=1:操作失败;AX=错误代码

2. 实验目的和要求

掌握磁盘文件基本操作的编程。

3. 实验示例

【例 3.10】 在硬盘 D 盘 MASM 目录下建立 aa.txt 文件，并把缓冲区的字符串"abcdefgh"写入该文件。

【程序流程图】

程序流程图如图 3.11 所示。

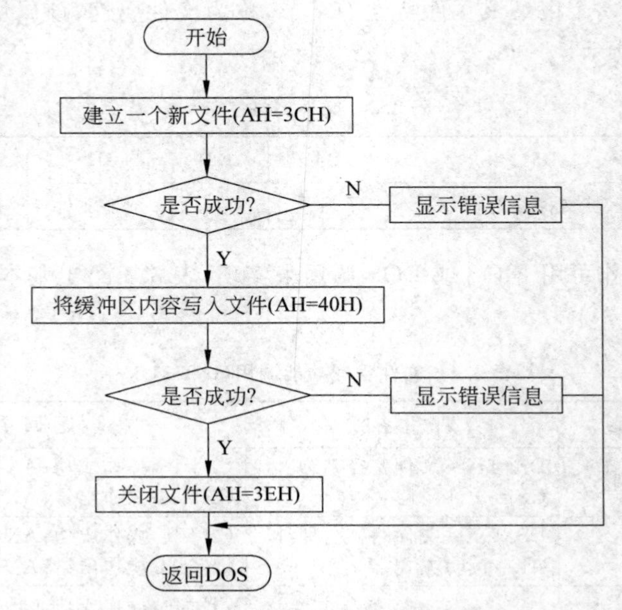

图 3.11 例 3.10 的程序流程图

【程序清单】

```
;FILENAME: EXA351.ASM
.486
DATA    SEGMENT USE16
        FILENAME  DB 'D:\masm\AA.TXT', 0           ;文件路径名
        HANDLE    DW ?                             ;句柄
        ERRORC    DB 'CREAT FILE ERROR!','$'
        ERRORW    DB 'WRITE FILE ERROR!','$'
        BUFFER    DB 'ABCDEFGH'                    ;写入文件的字符串
        LEN       EQU $-BUFFER
DATA    ENDS
CODE    SEGMENT USE16
        ASSUME CS:CODE,DS:DATA
BEG:    MOV       AX, DATA
        MOV       DS,AX
        MOV       AH,3CH                           ;建立文件
        MOV       CX,00
```

```
        MOV     DX,OFFSET FILENAME
        INT     21H
        JC      E1                          ;失败转
        MOV     HANDLE,AX
        MOV     AH,40H                      ;写文件
        MOV     BX,HANDLE
        MOV     CX,LEN
        MOV     DX,OFFSET BUFFER
        INT     21H
        JC      E2                          ;失败转
        MOV     AH,3EH                      ;关闭文件
        MOV     BX,HANDLE
        INT     21H
        JMP     EXIT
E1:     MOV     DX,OFFSET ERRORC            ;错误信息显示
        MOV     AH,9
        INT     21H
        JMP     EXIT
E2:     MOV     DX,OFFSET ERRORW
        MOV     AH,9
        INT     21H
EXIT:   MOV     AH,4CH                      ;程序结束
        INT     21H
CODE    ENDS
        END     BEG
```

【例 3.11】 将文件 BB.TXT 的内容添加到文件 AA.TXT 的后面,实现文件的拼接。

【程序流程图】

程序流程图如图 3.12 所示。

【程序清单】

```
;FILENAME: EXA352.ASM
.486
DATA    SEGMENT USE16
        FILENAME1   DB  'D:\masm\AA.TXT', 0
        FILENAME2   DB  'D:\masm\BB.TXT', 0
        BUF         DB 256 DUP(?)        ;数据缓冲区
        HANDLE1     DW  ?
        HANDLE2     DW  ?
        DONE        DB  0                ;文件 2 读操作完成标志,0 表示未完成
        ERRFLAG     DB  1
        ERRMESG     DB  'OPERATE FILE ERROR!','$'
        DATA        ENDS
        CODE        SEGMENT USE16
```

```
                ASSUME CS:CODE,DS:DATA
BEG:    MOV     AX, DATA
        MOV     DS,AX
        MOV     AH,3DH              ;以写的方式打开文件 AA.TXT
        MOV     AL,01H
        MOV     DX,OFFSET FILENAME1
        INT     21H
        JC      E1
        MOV     HANDLE1,AX
        MOV     AH,3DH              ;以读的方式打开文件 BB.TXT
        MOV     AL,0
        MOV     DX,OFFSET FILENAME2
        INT     21H
        JC      FINISH1
        MOV     HANDLE2,AX
        MOV     AH,42H              ;将指针移到文件的开头
        MOV     AL,02H
        MOV     DX,0
        MOV     CX,0
        MOV     BX,HANDLE1
        INT     21H
        JC      FINISH
AGA:    MOV     AH,3FH              ;读文件 BB.TXT
        MOV     DX,OFFSET BUF
        MOV     BX,HANDLE2
        MOV     CX,256
        INT     21H
        JC      FINISH
        PUSH    AX
        CMP     AX,0
        JE      FINISH              ;读文件结束,置标志位 DONE
        CMP     AX,256
        JE      CONT
        MOV     DONE,1              ;已读到文件末尾,置标志位 DONE
CONT:   MOV     AH,40H              ;写文件 AA.TXT
        MOV     BX,HANDLE1
        POP     CX
        MOV     DX,OFFSET BUF
        INT     21H
        JC      FINISH
        CMP     DONE,0
        JE      AGA
        MOV     ERRFLAG,0
FINISH: MOV     AH,3EH              ;关闭文件 BB.TXT
        MOV     BX,HANDLE2
        INT     21H
```

```
FINISH1: MOV     AH,3EH                  ;关闭文件 AA.TXT
         MOV     BX,HANDLE1
         INT     21H
         CMP     ERRFLAG,0
         JE      EXIT
E1:      MOV     DX,OFFSET ERRMESG       ;错误显示
         MOV     AH,09H
         INT     21H
EXIT:    MOV     AH,4CH                  ;显示
         INT     21H
CODE     ENDS
         END     BEG
```

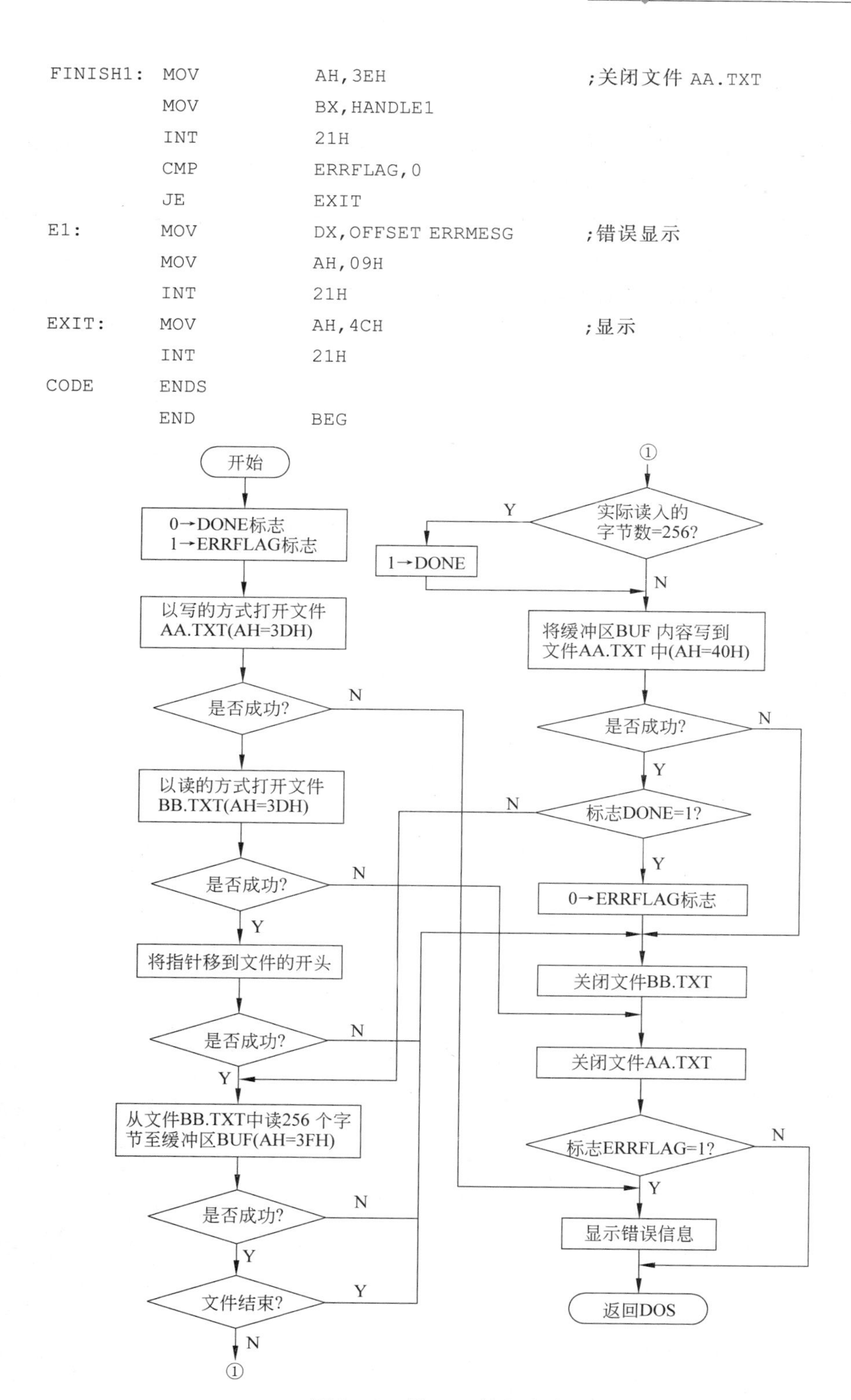

图 3.12 例 3.11 的程序流程图

4. 实验项目

【实验 3.27】 在硬盘某目录下建立一名为 file1.asm 的文件,建立成功,在屏幕上显示字符串"SUCCESS",否则显示字符串"ERROR"。

【实验 3.28】 首先从键盘输入文件名,建立该文件,然后将从键盘输入的字符保存到该文件中。

【实验 3.29】 读取某文本保存的内容,并显示在屏幕上。

【实验 3.30】 将硬盘上的某个文本文件的大写字母转换成小写字母,并保存。

第4章 chapter 4

Win32 汇编程序设计实验

4.1 Win32 汇编语言程序开发过程

Windows 操作系统工作在保护模式下。Windows 操作系统为每一个应用程序建立一个 4GB 的线性空间，整个 4GB 空间都作为一个段。代码段和数据段/堆栈段的空间是统一的，都是 00000000H～FFFFFFFFH。在这个 4GB 的地址空间中，一部分用来存放程序，一部分作为数据区，一部分作为堆栈，另外还有一部分被系统使用。在 Windows 程序中，程序员不需要给段寄存器赋值。在整个程序运行期间，程序员也不应该修改这些段寄存器的值。

1. Win32 汇编语言程序的格式

一个完整的 Win32 汇编源程序在结构上必须做到 4 点。

(1) 用方式选择伪指令说明执行该程序的 CPU 类型。

(2) 用内存模式选择伪指令来指定程序的内存模式。

(3) 用段定义语句定义每一个逻辑段，在 Win32 下是没有段的概念，该伪指令只是用来区分地址空间。

(4) 用汇编结束语句说明源程序结束。

Win32 汇编语言源程序结构如下：

```
.486
.MODEL FLAT, STDCALL
OPTION CASEMAP:NONE
.DATA
<定义有初始化值的变量>
⋮
.DATA?
<定义未初始化值的变量>
⋮
.CONST
<定义常量>
```

```
⋮
.CODE
<标号>
<代码>
⋮
END <标号>
```

2. Win32 汇编语言的开发过程

Win32 汇编软件的开发可分为源程序开发和资源开发两部分。其中，源程序的开发过程和 DOS 源程序相同，asm 源程序经汇编程序汇编成 obj 目标程序；资源文件的“源文件”是以 rc 为扩展名的脚本文件，由资源编译程序编译成以 res 为扩展名的二进制资源文件；最后由链接程序将它们链接成可执行文件。

图 4.1 给出了 Win32 汇编可执行文件的生成过程。其中资源开发部分不是每一个 Win32 应用程序都是必需的。

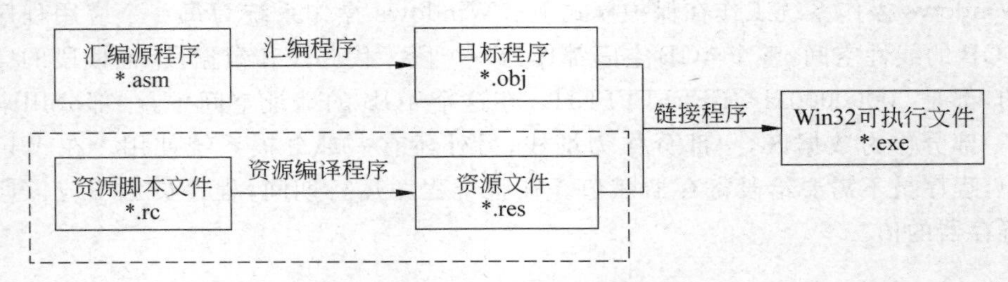

图 4.1 Win32 汇编可执行文件的生成

对 Win32 汇编来说，Microsoft 公司的 MASM 的使用最为方便，它具有支持@@标号，可用 invoke 调用子程序，支持局部变量和有高级语法等优点。由于 Windows 有很多的数据结构和定义，都放在 include 文件中，还有链接时要用到 Import 库，放在 include 和 lib 目录中。所以在程序开发时要指定以下系统环境：

set include=\Masm32\Include

set lib=\Masm32\lib

set path=\Masm32\Bin

Win32 汇编程序开发过程如下。

(1) 源程序的编辑。

编辑就是调用编辑程序编辑源程序，生成一个扩展名为 ASM 的文本源文件。DOS 提供的 EDIT.EXE 或其他编辑软件都能完成编辑任务。

(2) 源程序的汇编。

MASM 汇编器的命令行用法如下：

```
ml [/选项] 汇编源文件列表
```

ml 在 Win32 汇编中常用的选项如表 4.1 所示。

表 4.1 ml 在 Win32 汇编中的常用选项

选　　项	简　　介
/c(常用)	仅进行编译,不自动进行链接
/coff(必用)	产生的 obj 文件格式为 COFF 格式
/Cp	源代码区分大小写
/Fo filename	指定输出的 obj 文件名
/Fe filename	指定链接后输出的 exe 文件名
/I pathname	指定 include 文件的路径
/link 选项	指定链接时使用的选项
/Zi(调试程序常用)	增加符号调试信息

(3) 资源文件的生成(该步骤不是必需的)。

资源文件包括菜单、对话框、字符串、图标、位图资源等,在链接时,链接程序将资源加入到可执行文件中去。资源是由一些脚本文件构成的,它可以用普通的文件编辑器来编辑,也可以用更适合编写资源文件的所见即所得的资源编辑器来编辑,如 Visual C++ 资源编辑器。

资源编辑器在对资源编辑完成后,可以用两种格式来保存。

① 将该资源文件保存为.rc 格式的文件,然后再用资源编译程序 rc.exe,将.rc 文件编译成.res 文件。

② 直接将该资源文件保存为.res 格式的文件,这样,便可以在链接时直接将.res 文件链接到可执行文件。

(4) 目标程序的链接。

用 ml.exe 编译的 COFF 格式的 obj 文件可以用 Link.exe 链接成可执行 PE 文件。link 的命令行使用方法如下:

```
link [选项] [文件列表]
```

命令行参数中的文件列表用来列出所有需要链接到可执行文件中的模块,可以指定多个 obj 文件、res 资源文件以及导入库文件。link 的选项很多,常用的选项如表 4.2 所示。

表 4.2 link 的常用选项

选　　项	简　　介
/DEBUG(调试程序常用)	在 PE 文件中加入调试信息
/DRIVER:类型	链接 Windows NT 的 WDM 驱动程序时用,类型可以是 WDM 或者 UPONLY

续表

选　项	简　介
/DLL	链接动态链接库文件时用
/DEF：文件名	编写链接库文件时使用的 def 文件名，用来指定要导出的函数列表
/IMPLIB：文件名	当链接有导出函数的文件时(如 DLL)要建立的导入库名
/LIBPATH：路径	指定库文件的目录
/OUT：文件名	指定输出文件名，默认的扩展名是 exe，如果要生成其他文件名，如屏幕保护 *. scr 等，则在这里指定
/STACK：尺寸	设定堆栈尺寸
/SUBSYSTEM：系统名	指定程序运行的操作系统，可以是 NATIVE、WINDOWS、CONSOLE、WINDOWSCE 和 POSIX 等

(5) 动态调试。

目前比较流行的 Win32 汇编语言调试工具是 Numega 公司的 SoftICE。如果要对 Win32 源程序进行调试，可执行 exe 文件中必须含有调试信息。因此必须要使用带/Zi 选项的 ml. exe 对源程序进行汇编；并用带/DEBUG 选项的 link. exe 对目标程序进行链接。

4.2 Win32 汇编语言程序编程练习

1. 实验说明

在 4.1 节的基础上掌握 Win32 汇编语言程序设计过程。

2. 实验目的和要求

掌握 Win32 汇编语言源程序的编辑、汇编、目标文件的链接和可执行文件的执行全过程；掌握 ML、LINK 的使用方法以及 Win32 汇编语言的语法规则。

3. 实验示例

【例 4.1】 从 BUF 单元开始存有一字符串，找出其中的最大数送屏幕显示。

【程序分析】

在 Windows 操作系统中，使用 API 函数替代了 DOS 调用 INT n。API 是一个函数集合，函数的大部分被包含在几个动态链接库(Dynamic Link Library，DLL)中。程序中在屏幕上显示结果调用了 Windows API 函数 MessageBox；退出程序执行 ，则调用 Windows API 函数 ExitProcess。

【程序流程图】

程序流程图如图 4.2 所示。

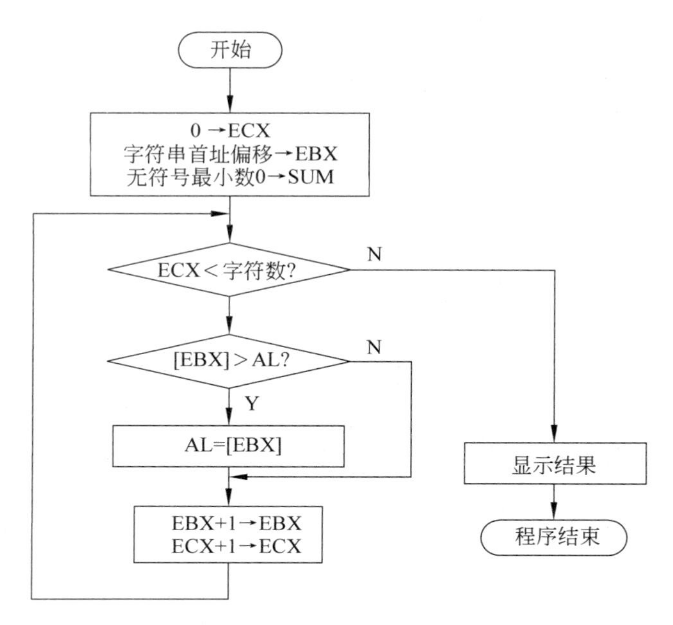

图 4.2 例 4.1 的流程图

【程序清单】

```
;FILENAME: EXA421.ASM
.486
.MODEL FLAT,STDCALL
OPTION CASEMAP:NONE
INCLUDE \MASM32\INCLUDE\KERNEL32.INC
INCLUDE \MASM32\INCLUDE\WINDOWS.INC
INCLUDELIB \MASM32\LIB\KERNEL32.LIB
INCLUDE \MASM32\INCLUDE\USER32.INC
INCLUDELIB \MASM32\LIB\USER32.LIB
.DATA
BUF     DB 'QWERYTUIOP123'
COUNT   EQU $-BUF
MAX     DB 'Max=',?,0
MsgBoxCaption     DB "Example of win32",0
.CODE
START: MOV ECX,0
       MOV EBX,OFFSET BUF             ;字符串首址偏移→EBX
       MOV AL,0                       ; 最小数 0→AL
       .WHILE ECX<COUNT               ;循环
           MOV DL,[EBX]
           .IF(DL>AL)                 ;比较
               MOV AL,DL              ;大数→AL
           .ENDIF
           INC EBX                    ; 调整字符串首址偏移
```

```
        INC ECX
    .ENDW
    MOV MAX+4,AL                        ;保存最大值
    INVOKE MessageBox, NULL, ADDR MAX, ADDR MsgBoxCaption, \
                    MB_OK               ;显示结果
    INVOKE ExitProcess, NULL            ;程序结束
END START
```

下面以此例来介绍汇编语言源程序的开发过程。

1)启动 DOS 命令窗口

如果机器安装的是 Windows 操作系统，则用户可以按照 2.2 节介绍的方法启动 DOS 命令窗口。用户进入 DOS 命令窗口后，应输入"进入子目录"命令进入当前汇编可执行文件 BIN 子目录，如 MASM32 开发包已安装在 C:\MASM32 目录，则 DOS 命令如下：

```
> c:↙                  (↙表示回车键)
> cd masm32\bin↙
```

2) 编辑

采用文本编辑软件编辑汇编语言源程序，注意保存时，文件的扩展名必须是 ASM。

如果 EXA421. ASM 就保存在 C:\masm32\bin 目录，则命令格式为

```
C:\masm32\bin>edit exa421.asm↙
```

如果欲将 EXA421. ASM 保存在 D:\myfile 中，则命令格式为

```
C:\masm32\bin>edit d:\myfile\exa421.asm↙
```

3) 汇编

汇编操作能够将源程序转换为目标程序，并显示错误信息。

如果 EXA421. asm 保存在 C:\masm32\bin 目录，则命令格式为

```
C:\masm32\bin>ml/c/coff exa421.asm↙
```

如果 EXA421. ASM 保存在 D:\MYFILE 目录，并且欲将 EXA421. OBJ 也保存在此目录，则汇编命令格式为

```
C:\masm32\bin>ml/c/coff//Fo d:\myfile\exa421.obj d:\myfile\exa421.asm↙
```

如果系统给出源程序中的错误信息(错误原因和错误行号)，则需要采用编辑软件修改源程序中的错误，直到汇编正确为止。

4) 链接

链接操作是将目标程序链接为可执行程序。如果链接过程出错显示错误信息，也要修正后才能得到正确的可执行程序。

如果 EXA421. OBJ 保存在 C:\masm32\bin 目录，则命令格式为

```
C:\masm32\bin>link/subsystem:windows d:\myfile\exa421.obj↙
```

如果 EXA421. OBJ 保存在 D:\MYFILE 目录，并且欲将 EXA421. EXE 也保存在此

目录，则命令格式为

```
link/subsystem:windows/out:d:\myfile\exa421.exe d:\myfile\exa421.obj ↙
```

5）运行 EXE 可执行程序。

EXE 文件是可执行文件，在 Windows 环境下直接双击 EXE 文件图标就可执行，也可在 DOS 命令行提示符下直接输入可执行文件名后按 Enter 键执行。例如：

```
D:\myfile\>EXA421 ↙
```

4. 实验项目

【实验 4.1】 Win32 汇编语言编程过程的练习。

请将例 4.1 的源程序通过一个编辑软件输入计算机并加以保存，命名为 EXA421.ASM。然后调用 ML 和 LINK 完成编译和链接，生成可执行文件 EXA421.EXE。试着在当前目录下运行程序 EXA421.EXE。

4.3 Win32 窗口程序设计

1. 实验说明

窗口是 Windows 操作系统下应用程序的基础。在 Windows 操作系统下创建并显示一个窗口程序的编程步骤如下。

(1) 调用 GetModuleHandle 函数获得应用程序的句柄。

(2) 可以根据需要从命令行得到参数。

(3) 如果不是使用 Windows 预定义的窗口类，如 MessageBox 或 DialogBox，必须先填写用户自定义窗口注册类的结构（WNDCLASSEX 的）变量参数，再调用 RegisterClassEx 函数注册窗口类；

(4) 如果想程序运行后，立即在桌面显示窗口，调用 ShowWindow 函数显示窗口。

(5) 调用 UpdateWindows 函数刷新窗口客户区。

(6) 进入消息循环。

(7) 如果有消息到达，则由该窗口的窗口回调函数（即用户写的窗口过程）对消息进行处理。

2. 实验目的和要求

掌握 Win32 汇编程序设计中窗口显示的原理；掌握 Win32 窗口程序的编写。

3. 实验示例

【例 4.2】 显示一个标准 Windows 窗口，窗口标题为 The First Window。

【程序流程图】

程序流程图如图 4.3 所示。

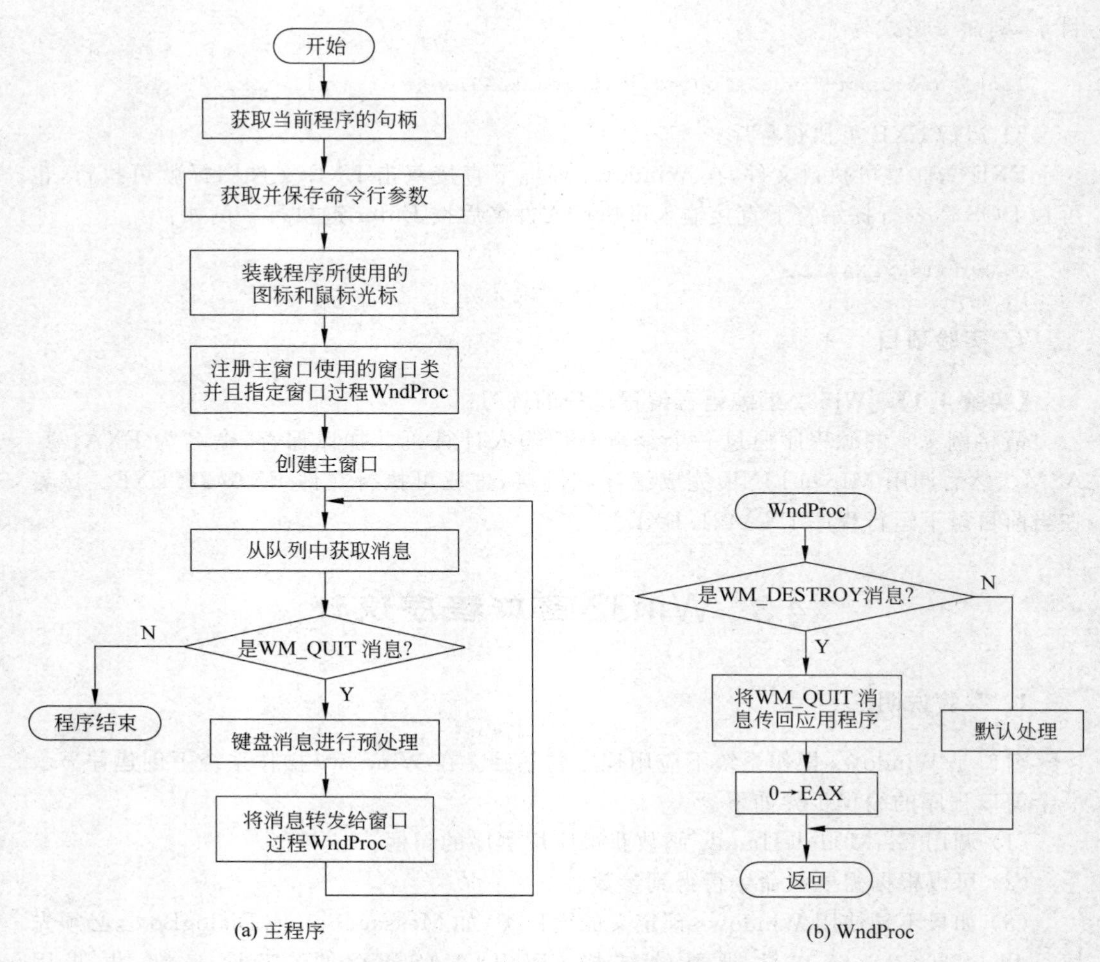

图 4.3　例 4.2 的程序流程图

【程序清单】

```
;FILENAME: EXA422.ASM
.486
.MODEL FLAT,STDCALL
OPTION CASEMAP:NONE
WinMain PROTO : DWORD ,: DWORD,: DWORD,: DWORD
INCLUDE \MASM32\INCLUDE\WINDOWS.INC
INCLUDE \MASM32\INCLUDE\USER32.INC
INCLUDE \MASM32\INCLUDE\KERNEL32.INC
INCLUDE \MASM32\INCLUDE\GDI32.INC
INCLUDELIB \MASM32\LIB\USER32.LIB
INCLUDELIB \MASM32\LIB\KERNEL32.LIB
INCLUDELIB \MASM32\LIB\GDI32.LIB
.DATA
```

```
ClassName   db 'SimpleWinClass',0          ;定义用户的窗口类名
AppName     db 'The First Window',0        ;窗口标题
.DATA?
hInstance HINSTANCE ?                      ;保存应用程序句柄
CommandLine LPSTR ?                        ;保存命令行参数
.CODE
START:
INVOKE GetModuleHandle, NULL               ;得到应用程序句柄
MOV  hInstance,EAX                         ;保存应用程序句柄
INVOKE  GetCommandLine                     ;得到命令行参数
MOV  CommandLine,EAX                       ;保存命令行参数
INVOKE  WinMain,hInstance,NULL,CommandLine, SW_SHOWDEFAULT
INVOKE  ExitProcess,EAX                    ;结束程序执行
WinMain  PROC  hInst: HINSTANCE,  hPrevInst: HINSTANCE,  CmdLine: LPSTR,
CmdShow:DWORD
LOCAL wc:WNDCLASSEX                        ;窗口注册类结构变量
LOCAL msg:MSG                              ;消息结构变量
LOCAL hwnd:HWND                            ;本窗口句柄
;------------------------------------------------------------
;注册窗口类
;------------------------------------------------------------
MOV  wc.cbSize,SIZEOF WNDCLASSEX           ;结构大小
MOV  wc.style, CS_HREDRAW or CS_VREDRAW    ;窗口外形风格
MOV  wc.lpfnWndProc, OFFSET WndProc        ;设置窗口消息处理过程
MOV  wc.cbClsExtra,NULL
MOV  wc.cbWndExtra,NULL
PUSH  hInst
POP  wc.hInstance                          ;设置应用程序句柄
MOV  wc.hbrBackground,COLOR_WINDOW+1       ;设置窗口背景色
MOV  wc.lpszMenuName,NULL
MOV  wc.lpszClassName,OFFSET ClassName     ;设置窗口类名
INVOKE  LoadIcon,NULL,IDI_APPLICATION
MOV  wc.hIcon,eax                          ;设置窗口程序的图标
MOV  wc.hIconSm,eax                        ;设置窗口标题栏中的小图标
INVOKE  LoadCursor,NULL,IDC_ARROW
MOV  wc.hCursor,eax                        ;设置在该窗口显示的光标形状
INVOKE  RegisterClassEx, addr wc           ;注册用户定义窗口类
;------------------------------------------------------------
;创建窗口
;------------------------------------------------------------
INVOKE CreateWindowEx,NULL,addr ClassName,ADDR AppName,\
WS_OVERLAPPEDWINDOW,CW_USEDEFAULT,\
CW_USEDEFAULT,CW_USEDEFAULT,CW_USEDEFAULT,NULL,NULL,\
```

```
hInst,NULL
MOV  hwnd,EAX                                   ;保存窗口句柄
INVOKE ShowWindow, hwnd,SW_SHOWNORMAL           ;显示窗口
INVOKE UpdateWindow, hwnd                       ;刷新窗口
;--------------------------------------------------------------------
;进入消息循环
;--------------------------------------------------------------------
.WHILE TRUE
    INVOKE GetMessage, ADDR msg,NULL,0,0
    .BREAK .IF (!EAX)
    INVOKE TranslateMessage,ADDR msg
    INVOKE DispatchMessage, ADDR msg
.ENDW
MOV  EAX,msg.wParam
RET'
WinMain ENDP
;--------------------------------------------------------------------
;处理消息的窗口过程
;--------------------------------------------------------------------
WndProc PROC hWnd:HWND, uMsg:UINT, wParam:WPARAM,
lParam:LPARAM
IF uMsg==WM_DESTROY                             ;如果用户关闭窗口,则进行退出处理
    INVOKE PostQuitMessage,NULL                 ;发出退出程序的消息
.ELSE
    INVOKE DefWindowProc,hWnd,uMsg,wParam,lParam
    RET
.ENDIF
XOR  EAX,EAX                                    ;正常结束时返回代码为 0
RET
WndProc ENDP
END START
```

4. 实验项目

【实验 4.2】 显示一个标准 Windows 窗口，窗口标题为 I am a student。

4.4 字符串显示程序设计

1. 实验说明

Windows 中的显示的字符串是一个 GUI(图形用户界面)对象。每一个字符实际上是由许多的像素点组成。在客户区显示字符串前，必须从 Windows 那里得到客户区的大小、字体、颜色和其他 GUI 对象的属性；另外还必须得到一个设备环境(DC)的句柄。

所谓"设备环境",其实是由 Windows 内部维护的一个数据结构。一个"设备环境"和一个特定的设备相连,像打印机和显示器。对于显示器来说,"设备环境"和一个个特定的窗口相连。得到一个"设备环境"的句柄,通常有以下几种方法。

(1) 在 WM_PAINT 消息中使用 call BeginPaint。

(2) 在其他消息中使用 call GetDC。

(3) call CreateDC 建立自己的 DC。

在 Windows 发送 WM_PAINT 消息时处理绘制客户区,Windows 不会保存客户区的内容,它用的是方法是"重绘"机制(譬如当客户区刚被另一个应用程序的客户区覆盖),Windows 会把 WM_PAINT 消息放入该应用程序的消息队列。

下面是响应该消息的步骤。

(1) 取得"设备环境"句柄。

(2) 得到客户区的大小等属性。

(3) 显示字符串。

(4) 释放"设备环境"句柄。

2. 实验目的和要求

掌握 Win32 汇编程序设计中窗口客户区显示字符串的原理,掌握 Win32 字符串显示程序的编写。

3. 实验示例

【例 4.3】 编写 Win32 程序,实现在窗口客户区的中心显示一行"The Second Win32 Program"。

【程序流程图】

主程序流程图请参考图 4.3,窗口过程流程图如图 4.4 所示。

【程序清单】

```
;FILENAME: EXA441.ASM
.486
.MODEL FLAT,STDCALL
OPTION CASEMAP:NONE
WinMain PROTO : DWORD ,: DWORD,: DWORD,: DWORD
INCLUDE \MASM32\INCLUDE\WINDOWS.INC
INCLUDE \MASM32\INCLUDE\USER32.INC
INCLUDE \MASM32\INCLUDE\KERNEL32.INC
INCLUDE \MASM32\INCLUDE\GDI32.INC
INCLUDELIB \MASM32\LIB\USER32.LIB
INCLUDELIB \MASM32\LIB\KERNEL32.LIB
INCLUDELIB \MASM32\LIB\GDI32.LIB
.DATA
ClassName  db 'SimpleWinClass',0                ;定义用户的窗口类名
```

```
AppName   db 'The Second Window',0                ;窗口标题
OurText db " The Second Win32 Program ",0         ;显示字符串
.DATA?
hInstance HINSTANCE ?                             ;保存应用程序句柄
CommandLine LPSTR ?                               ;保存命令行参数
.CODE
START:
INVOKE GetModuleHandle, NULL                      ;得到应用程序句柄
MOV  hInstance,EAX                                ;保存应用程序句柄
INVOKE  GetCommandLine                            ;得到命令行参数
MOV  CommandLine,EAX                              ;保存命令行参数
INVOKE  WinMain,hInstance,NULL,CommandLine, SW_SHOWDEFAULT
INVOKE  ExitProcess,EAX                           ;结束程序执行
WinMain  PROC  hInst: HINSTANCE, hPrevInst: HINSTANCE, CmdLine: LPSTR,
CmdShow:DWORD
LOCAL wc:WNDCLASSEX                               ;窗口注册类结构变量
LOCAL msg:MSG                                     ;消息结构变量
LOCAL hwnd:HWND                                   ;本窗口句柄
;-------------------------------------------------------------------------
; 注册窗口类
;-------------------------------------------------------------------------
MOV  wc.cbSize,SIZEOF WNDCLASSEX                  ;结构大小
MOV  wc.style, CS_HREDRAW or CS_VREDRAW           ;窗口外形风格
MOV  wc.lpfnWndProc, OFFSET WndProc               ;设置窗口消息处理过程
MOV  wc.cbClsExtra,NULL
MOV  wc.cbWndExtra,NULL
PUSH  hInst
POP  wc.hInstance                                 ;设置应用程序句柄
MOV  wc.hbrBackground,COLOR_WINDOW+1              ;设置窗口背景色
MOV  wc.lpszMenuName,NULL
MOV  wc.lpszClassName,OFFSET ClassName            ;设置窗口类名
INVOKE  LoadIcon,NULL,IDI_APPLICATION
MOV  wc.hIcon,eax                                 ;设置窗口程序的图标
MOV  wc.hIconSm,eax                               ;设置窗口标题栏中的小图标
INVOKE  LoadCursor,NULL,IDC_ARROW
MOV  wc.hCursor,eax                               ;设置在该窗口显示的光标形状
INVOKE  RegisterClassEx, addr wc                  ;注册用户定义窗口类
;-------------------------------------------------------------------------
; 创建窗口
;-------------------------------------------------------------------------
INVOKE CreateWindowEx,NULL,addr ClassName,ADDR AppName,\
WS_OVERLAPPEDWINDOW,CW_USEDEFAULT,\
CW_USEDEFAULT,CW_USEDEFAULT,CW_USEDEFAULT,NULL,NULL,\
```

```
hInst,NULL
MOV hwnd,EAX                                    ;保存窗口句柄
INVOKE ShowWindow, hwnd,SW_SHOWNORMAL           ;显示窗口
INVOKE UpdateWindow, hwnd                       ;刷新窗口
;---------------------------------------------------------------
; 进入消息循环
;---------------------------------------------------------------
.WHILE TRUE
    INVOKE GetMessage, ADDR msg,NULL,0,0
    .BREAK .IF (!EAX)
    INVOKE TranslateMessage,ADDR msg
    INVOKE DispatchMessage, ADDR msg
.ENDW
MOV   EAX,msg.wParam
RET
WinMain ENDP
;---------------------------------------------------------------
; 处理消息的窗口过程
;---------------------------------------------------------------
WndProc PROC hWnd:HWND, uMsg:UINT, wParam:WPARAM,
lParam:LPARAM
LOCAL hdc: HDC
LOCAL ps: PAINTSTRUCT
LOCAL rect: RECT
.IF uMsg==WM_DESTROY
    INVOKE PostQuitMessage,NULL
.ELSEIF uMsg==WM_PAINT
    INVOKE BeginPaint,hWnd, ADDR ps             ;取得设备环境句柄
    MOV   hdc,eax
    INVOKE GetClientRect,hWnd, ADDR rect        ;得到窗口客户区的大小
    INVOKE DrawText, hdc,ADDR OurText,-1, \     ;调用函数显示字符串
    ADDR rect, DT_SINGLELINE or DT_CENTER or DT_VCENTER;
    INVOKE EndPaint,hWnd, ADDR ps               ;释放设备环境句柄
.ELSE
    INVOKE DefWindowProc,hWnd,uMsg,wParam,lParam
    RET
.ENDIF
XOR   EAX,EAX                                   ;正常结束时返回代码为 0
RET
WndProc ENDP
END START
```

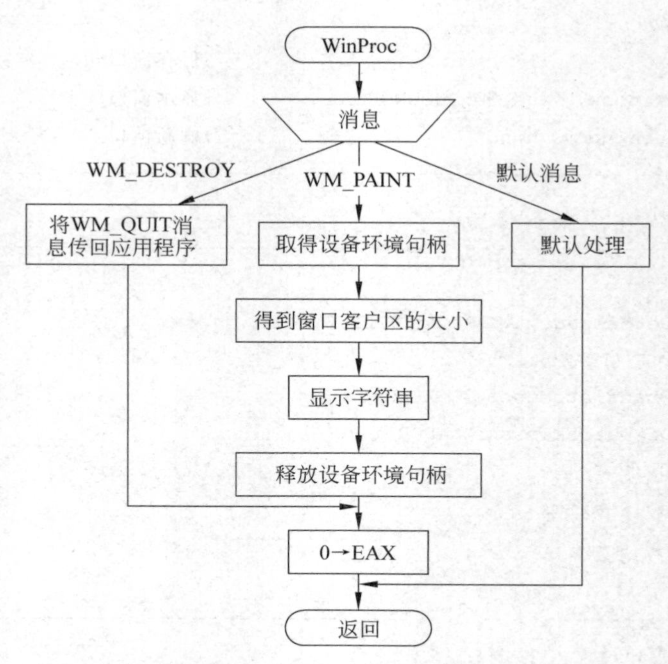

图 4.4　例 4.3 的过程流程图

4. 实验项目

【实验 4.3】 显示一个标准 Windows 窗口，窗口标题为 The First Window，并在窗口客户区的左上角显示一行自定义的字符串。

4.5 消息处理程序设计

1. 实验说明

Windows 窗口程序采用的是消息驱动程序设计方法。所有的用户操作，如用户按键、鼠标移动、选择菜单和拖动窗口等都是通过消息来传给应用程序的，应用程序中由窗口过程接收消息并处理。窗口过程的运行过程如下。

(1) 当用户进行操作时，Windows 会以消息的形式记录下这些操作，并送到系统的消息队列中。

(2) 检查该消息发生在哪个应用程序窗口范围，将这个消息送到该应用程序的消息队列中。

(3) 应用程序会不断地执行消息循环过程，当执行到 GetMessage 函数时，该函数会从应用程序消息队列中取出一条消息到应用程序。

(4) 应用程序用 TranslateMessage 函数对这条消息进行预处理，再调用 DispatchMessage 函数，将这条消息的有关信息作为参数传递给窗口过程，并回调窗口过程对消息进行处理。窗口过程对消息处理结束,又返回到 DispatchMessage 函数代码段中。执行完 DispatchMessage 函数后,又回到应用程序的消息循环中,继续下一次消息循环。

可以把键盘看成是字符输入设备。每当按下一个键时,Windows 发送一个 WM_CHAR 消息给有输入焦点的应用程序,程序员只要在过程中处理 WM_CHAR。同样,Windows 将捕捉鼠标动作并把它们发送到相关窗口。这些活动包括左、右键按下、移动、双击等。对鼠标的每一个按钮都有两个消息:WM_LBUTTONDOWN 和 WM_RBUTTONDOWN。对于三键鼠标还会有 WM_MBUTTONDOWN 和 WM_MBUTTONUP 消息,当鼠标在某窗口客户区移动时,该窗口将接收到 WM_MOUSEMOVE 消息。

2. 实验目的和要求

掌握 Win32 汇编程序设计中消息的截获和处理原理;掌握消息处理程序的编写。

3. 实验示例

【例 4.4】 等待左键按下消息,在鼠标按下的位置显示一个字符串"Mouse Test Program"。

【程序流程图】

主程序流程图请参考图 4.3,窗口过程流程图如图 4.5 所示。

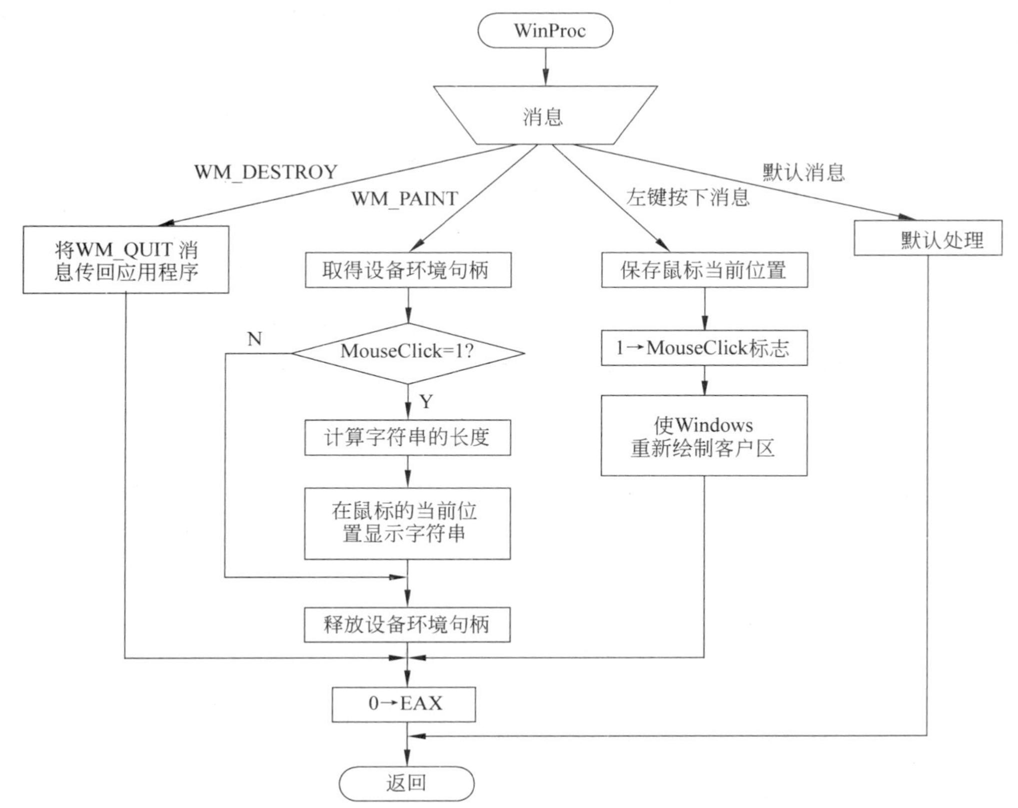

图 4.5 例 4.4 的窗口过程流程图

【程序清单】

```
;FILENAME: EXA451.ASM
.486
.MODEL FLAT,STDCALL
OPTION CASEMAP:NONE
WinMain PROTO : DWORD ,: DWORD,: DWORD,: DWORD
INCLUDE \MASM32\INCLUDE\WINDOWS.INC
INCLUDE \MASM32\INCLUDE\USER32.INC
INCLUDE \MASM32\INCLUDE\KERNEL32.INC
INCLUDE \MASM32\INCLUDE\GDI32.INC
INCLUDELIB \MASM32\LIB\USER32.LIB
INCLUDELIB \MASM32\LIB\KERNEL32.LIB
INCLUDELIB \MASM32\LIB\GDI32.LIB
.DATA
ClassName  db 'SimpleWinClass',0             ;定义用户的窗口类名
AppName  db 'Mouse Test Program',0           ;窗口标题
MouseClick  db 0                             ;0 表示还没有按键
.DATA?
hInstance HINSTANCE ?                        ;保存应用程序句柄
CommandLine LPSTR ?                          ;保存命令行参数
hitpoint POINT <>                            ;保存鼠标的位置
.CODE
START:
INVOKE GetModuleHandle, NULL                 ;得到应用程序句柄
MOV  hInstance,EAX                           ;保存应用程序句柄
INVOKE GetCommandLine                        ;得到命令行参数
MOV  CommandLine,EAX                         ;保存命令行参数
INVOKE  WinMain,hInstance,NULL,CommandLine, SW_SHOWDEFAULT
INVOKE  ExitProcess,EAX                      ;结束程序执行
WinMain  PROC  hInst: HINSTANCE, hPrevInst: HINSTANCE, CmdLine: LPSTR,
CmdShow:DWORD
LOCAL wc:WNDCLASSEX                          ;窗口注册类结构变量
LOCAL msg:MSG                                ;消息结构变量
LOCAL hwnd:HWND                              ;本窗口句柄
;------------------------------------------------------------
; 注册窗口类
;------------------------------------------------------------
MOV  wc.cbSize,SIZEOF WNDCLASSEX             ;结构大小
MOV  wc.style, CS_HREDRAW or CS_VREDRAW      ;窗口外形风格
MOV  wc.lpfnWndProc, OFFSET WndProc          ;设置窗口消息处理过程
MOV  wc.cbClsExtra,NULL
MOV  wc.cbWndExtra,NULL
PUSH  hInst
```

```
POP   wc.hInstance                          ;设置应用程序句柄
MOV   wc.hbrBackground,COLOR_WINDOW+1       ;设置窗口背景色
MOV   wc.lpszMenuName,NULL
MOV   wc.lpszClassName,OFFSET ClassName     ;设置窗口类名
INVOKE  LoadIcon,NULL,IDI_APPLICATION
MOV   wc.hIcon,eax                          ;设置窗口程序的图标
MOV   wc.hIconSm,eax                        ;设置窗口标题栏中的小图标
INVOKE  LoadCursor,NULL,IDC_ARROW
MOV   wc.hCursor,eax                        ;设置在该窗口显示的光标形状
INVOKE  RegisterClassEx, addr wc            ;注册用户定义窗口类
;-----------------------------------------------------------
; 创建窗口
;-----------------------------------------------------------
INVOKE CreateWindowEx,NULL,addr ClassName,ADDR AppName,\
WS_OVERLAPPEDWINDOW,CW_USEDEFAULT,\
CW_USEDEFAULT,CW_USEDEFAULT,CW_USEDEFAULT,NULL,NULL,\
hInst,NULL
MOV   hwnd,EAX                              ;保存窗口句柄
INVOKE ShowWindow, hwnd,SW_SHOWNORMAL       ;显示窗口
INVOKE UpdateWindow, hwnd                   ;刷新窗口
;-----------------------------------------------------------
; 进入消息循环
;-----------------------------------------------------------
.WHILE TRUE
    INVOKE GetMessage, ADDR msg,NULL,0,0
.BREAK .IF (!EAX)
    INVOKE TranslateMessage,ADDR msg
    INVOKE DispatchMessage, ADDR msg
.ENDW
MOV   EAX,msg.wParam
RET
WinMain ENDP
;-----------------------------------------------------------
; 处理消息的窗口过程
;-----------------------------------------------------------
WndProc PROC hWnd:HWND, uMsg:UINT, wParam:WPARAM, lParam:LPARAM
LOCAL hdc:HDC
LOCAL ps:PAINTSTRUCT
.IF uMsg==WM_DESTROY
    INVOKE PostQuitMessage,NULL
.ELSEIF uMsg==WM_LBUTTONDOWN
    MOV EAX,lParam
    AND EAX,0FFFFh
    MOV hitpoint.x,EAX                      ;保存鼠标的当前位置
```

```
    MOV EAX,lParam
    SHR EAX,16
    MOV hitpoint.y,eax
    MOV MouseClick,TRUE                          ;表示至少有一次在客户区的左键按下消息
    INVOKE InvalidateRect,hWnd,NULL,TRUE;
.ELSEIF uMsg==WM_PAINT
    INVOKE BeginPaint,hWnd, ADDR ps
    MOV  hdc,eax
    .IF MouseClick
        INVOKE lstrlen,ADDR AppName              ;计算字符串的长度
        INVOKE TextOut,hdc,hitpoint.x,hitpoint.y,ADDR AppName,eax
    .ENDIF
    INVOKE EndPaint,hWnd, ADDR ps
.ELSE
    INVOKE DefWindowProc,hWnd,uMsg,wParam,lParam
RET
.ENDIF
XOR  EAX,EAX
RET
WndProc ENDP
END START
```

【实验 4.4】 显示了一个标准 Windows 窗口,窗口标题为 The First Window,并在窗口客户区的左上角显示输入字符。

第5章 chapter 5

TPC-486EM 32位微机原理与接口技术实验系统

5.1 TPC-486EM微机教学实验系统概述

本书大部分硬件实验是在清华大学科教仪器厂研制的教学实验设备——"TPC-486EM 32位微机原理与接口技术实验系统"上进行。该实验系统是一个自带Intel 486 CPU、采用USB接口且不需要系统机硬件资源的系统，可为高校开展32位微机原理与接口技术的硬件实验提供一个先进、安全和高效的实验教学平台，能够完全满足现在32位微机原理及接口技术课程的需要。

5.1.1 功能特点

本教学实验系统具有以下特点。

1. 灵活的系统构建能力

可满足不同层次的教学和开发需要。

该系统是由一块Intel 486 CPU核心板和一个开放的微机接口教学实验平台，通过组合插接方式构成的高性能80x86微机原理与接口技术教学实验系统，全面支持80x86实模式和保护模式微机原理及接口技术的实验教学。采用此结构的优点如下。

(1) 总线兼容8位、16位、32位方便用户根据教学需要进行选择。

(2) 体现了实验系统的开放性，可满足用户二次开发的需要。

(3) 实验系统采用高效三路开关电源作为系统工作和实验的电源，并对电源电路短路保护及报警功能。

(4) 通过一根USB(2.0)线与Intel 486 CPU核心板相连，省去过去在机箱插卡引出排线，容易出故障的麻烦。

(5) 实验系统具有易升级性。随着教学和计算机技术的发展，用户只需采用更为先进的CPU核心板来替代Intel 486 CPU核心板，就可以以最小的代价来实现实验系统的升级换代。

2. 完善的微机接口实验平台

该系统提供了全开放的 80x86 系统扩展总线，总线所有引线都完全开放给用户使用。使用户可以充分学习并掌握 80x86 系统总线的特点及操作方法。实验平台上提供丰富的实验单元，如 DMA 控制器 8237、定时/计数器 8254、并行通信接口 8255A、十五级中断控制器（两片 8259A 中断控制器）、串行通信接口 8250、32 位 SRAM、模数转换器 ADC0809、数模转换器 DAC0832、单次脉冲、4×4 键盘模块、8 位数码管显示模块、128×64 LCD 液晶显示模块、带灯逻辑电平开关（方便检测）输入模块、LED 发光管显示模块、具有 386 功放应用电子发声模块、点阵 LED 显示模块、多功能逻辑笔（高低电平、计数、脉冲）模块、PWM 式直流电机控制模块、继电器控制模块、步进电机控制模块、录音机模块、电源电路保护报警模块及独立的用户扩展区模块等，可全面支持“80x86 微机原理及接口技术”、“微机控制及应用”的各项实验及应用开发。

3. 实验系统地址分配

(1) 486DX 核心板。

SRAM　128KB (00000H～1FFFFH)；

Flash　512KB (80000H～FFFFFH)。

(2) 外扩 SRAM 由四片 8KB 存储器 6264 组成，其容量大小和地址分配如下：

8 位访问模式，容量为 8KB(20000H～21FFFH)；

16 位访问模式，容量为 16KB(30000H～33FFFH)；

32 位访问模式，容量为 32KB(40000H～47FFFH)。

不同访问模式通过数据宽度跳线 JP1 和 JP2 进行选择，如表 5.1 所示。注意，DMA 操作存储器必须选择 8 位数据宽度，由于 DMA 访问内存的段地址系统默认为 2000H 段，因此 8237A 编程设置的地址一律代表该段内的偏移地址。

表 5.1　外部存储器数据宽度选择

JP2	JP1	宽度/位
2-3	2-3	8
1-2	2-3	16
X	1-2	32

(3) 486DX 实验模式下，实验台 I/O 端口寻址支持 8/16/32 位 I/O 数据访问。

① 8 位 I/O。该方式有 8 个地址插孔输出。地址构成方法为 I/O 基址＋偏移值。基址固定为 200H，偏移值分为 8 组，每一组对应一个插孔，每组包含 16 个端口地址，分别为 200H～20FH、210H～21FH、220H～22FH、230H～23FH、240H～24FH、250H～25FH、260H～26FH、270H～27FH。

② 16 位 I/O。对应插孔标识为 IOCS16，地址仅有一组，为 500H～5FFH。

③ 32 位 I/O。对应插孔标识为 IOCS32,地址仅有一组,为 600H～6FFH。

4. 优越的系统扩展性能

系统提供了独立的扩展实验区插座,用户可根据教学需要来扩展更多的实验项目。

可选配各种扩展模块,包括 16C550 通信、红外收发实验模块、无线通信实验模块、FPGA 高级接口 IP 核设计扩展板、温湿度传感器扩展板、32 位输入输出扩展板等十几种应用模块。

5. 软中断调用说明

实验仪硬件固化了 PC 中常用的 BIOS 和 DOS 软中断功能调用。主要包括 PC 键盘输入和 LCD 显示功能。

注意:使用键盘输入功能调用,需事先将 PC 键盘与实验仪的 PS2 接口连接;使用 LCD 显示功能,需事先将 LCD 显示器上边的开关拨到总线的位置,否则不能显示。

由于用到键盘请把 M8259 的片选用一根实验导线相连,并在程序开始的地方加上:

```
MOV DX,201H
IN AL,DX
AND AL,11111101B              ;开放键盘中断
OUT DX,AL
STI
```

本系统支持的系统功能调用如下。

(1) INT 16H 的 00H 功能,从 PC 键盘输入一个字符,返回字符在 AL 中。

(2) INT 16H 的 01H 功能,检查键盘缓冲区,Z=1 为空,否则不空。

(3) INT 21H 的 01H 功能,从 PC 键盘输入一个字符,返回值在 AL 中,并在 LCD 回显该字符。

(4) INT 21H 的 02H 功能,LCD 显示一个字符。

(5) INT 21H 的 07H 功能,从 PC 键盘输入一个字符,但不回显。

(6) INT 21H 的 09H 功能,在 LCD 上显示一个以 $ 结尾的字符串,字符串定义在数据段,字符串地址需事先放入 DX 中。

(7) INT 21H 的 4CH 功能,结束用户程序,复位硬件系统。

5.1.2 教学实验系统结构

TPC-486EM 32 位微机原理与接口技术实验系统(以下简写为 TPC-486)通过 USB 数据线与专用的通信规约,实现系统 PC 与实验装置之间的通信,连接方式如图 5.1 所示。

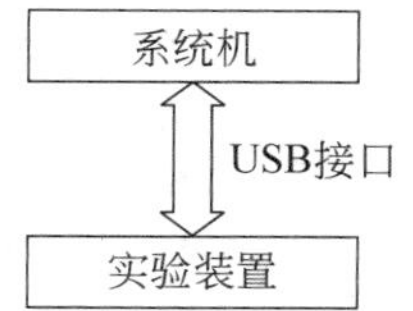

图 5.1 TPC-486 实验装置与系统机连接示意图

1) 系统机

以 Windows 为操作系统的任一款 PC 均可作为系统机。系统机可安装专门配备的界面美观、使用方便、人机交互友好的系统机软件。在该软件环境下,用户可以方便地

对汇编程序进行编辑、汇编和链接等操作，并能把所生成的可执行文件下载到实验装置，然后用户就可以控制实验装置程序的运行，并及时看到实验装置送回的实时状态和数据。

2）实验装置

TPC-486 实验装置模块分布图如图 5.2 所示。

<table>
<tr><td rowspan="2" colspan="2">Intel 486
核心板</td><td>电源</td><td colspan="2">8位7段LED数码管</td><td>直流
步进</td><td rowspan="2">128×64 LCD</td></tr>
<tr><td colspan="4">总线地址译码区</td></tr>
<tr><td colspan="2">32位系统总线</td><td>DMA8237</td><td>ADC0809</td><td colspan="2">DAC0832</td><td>串行8251</td></tr>
<tr><td colspan="2" rowspan="2">扩展总线</td><td>并行8255</td><td colspan="3">两片级联INT8259</td><td rowspan="2">8×8点阵LED</td></tr>
<tr><td>Process</td><td colspan="3">计数/定时8254</td></tr>
<tr><td rowspan="2">4×4键盘</td><td rowspan="2">直流信号</td><td rowspan="2">逻辑笔</td><td rowspan="2">数字逻辑门单脉冲</td><td colspan="2" rowspan="2">独立的扩展区</td><td>发光二极管</td></tr>
<tr><td>电平开关</td></tr>
</table>

图 5.2 TPC-486 实验装置模块分布图

实验模块包含微型计算机系统接口实验中的一些常规接口模块，包括定时/计数器、异步串行通信、并行通信、A/D、D/A 转换、中断、存储器扩充和 DMA 等。在每个实验模块的基础上可以开设多个同类型的实验，并允许组合多个实验模块开设大型综合设计性实验。

由图 5.2 可以看出，本实验装置采用模块化的结构，每一个模块都分离出来，实现最基本的功能。通过各模块中的插孔，用户可以任意的利用小模块搭建自己的实验系统。

5.2 上位机系统软件的使用说明

5.2.1 概述

上位机系统软件是为了在 TPC-486 实验装置运行汇编程序，而开发的上位机多窗口源程序级开发调试软件。它的多窗口技术为用户提供了一个极为友好而方便的人机界面，极大地方便程序的修改和调试。

1. 软件的运行环境及安装启动

1）环境要求

PC 系列微机，Windows 操作系统。

2）系统安装启动

首先，安装 USB 驱动程序，安装界面如图 5.3 所示。

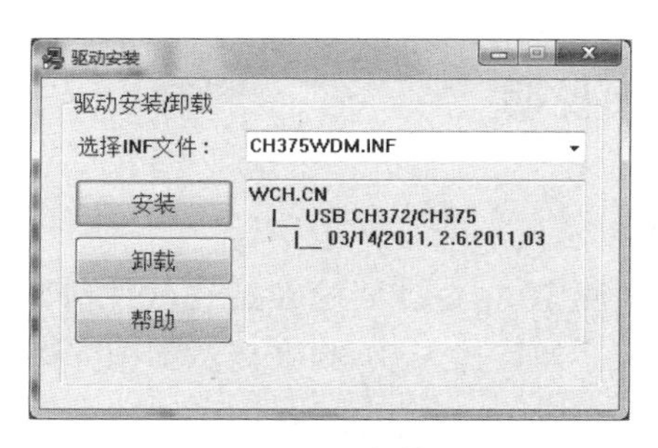

图 5.3 USB 安装界面

然后，安装上位机软件，默认目录为 C:\Program Files\清华科教\TPC-486，如图 5.4 所示。

上位机软件安装完毕后，会在桌面上出现 TPC-486 的图标，如图 5.5 所示。

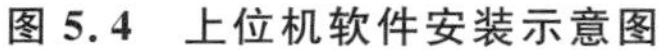
图 5.4 上位机软件安装示意图

图 5.5 TPC-486 上位机软件图标

2. 硬件安装

在保证电源断掉的前提下，先将实验装置和上位 PC 之间的 USB 数据线连接好，然后打开 PC 的电源和实验置的电源，启动机器。

3. TPC-486 实验程序的开发过程

使用本系统进行程序开发的步骤如图 5.6 所示。这个过程由编辑、汇编、链接、下载和调试运行 5 个步骤构成。

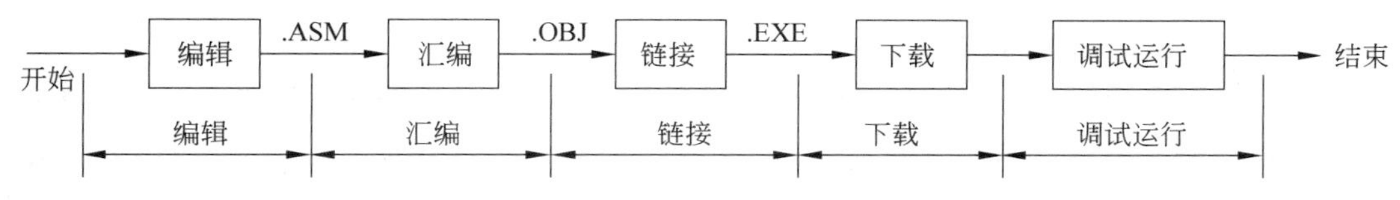

图 5.6 TPC-486 接口程序的开发过程

5.2.2 软件的详细使用说明

1. 启动软件

软件一运行就会自动检测串口,这就要求在运行软件前要将实验机与上位机用串口线连接好,并打开电源、复位。如连接失败,则会提示如图 5.7 所示信息。

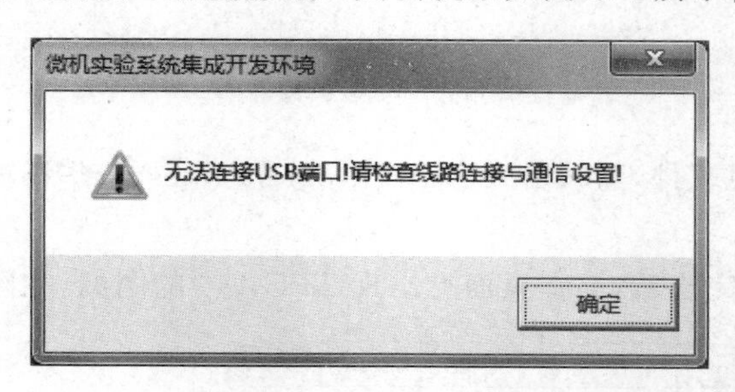

图 5.7 TPC-486 实验装置连接失败提示信息

可通过系统软件中的"复位下位机"选项或者通过实验装置左下角的硬件复位按钮菜单进行复位,已建立上位机和实验装置之间的通信。

2. 主界面

集成开发环境集成(汇编语言、C 语言程序开发包),外设模块实验演示程序集成在一个环境中,构成一个用户应用程序集成开发环境(IDE)。实验程序的编辑、编译、链接、调试、运行和修改的全过程都在这个 IDE 中完成。例如,在 Windows 7 操作系统下,进行微机接口实验,启动集成开发环境,即运行软件用户就可以在显示器上看到一个全屏幕窗口 IDE,如图 5.8 所示。

实验程序开发工具包括编辑器、编译系统、连接程序和调试程序,见图 5.8 中主菜单所示。

(1) 编辑器。采用全屏幕多窗口编辑器,复制,粘贴,裁剪十分方便。

(2) 编译系统。软件包含了 C 语言和汇编语言两个编译系统,用户可按照自己所熟悉的语言,任选一个来编写程序,并在集成环境中进行程序的编译(汇编)、链接、运行与调试。

(3) 链接程序。采用 Link。

(4) 调试程序。采用设置断点方式调试程序,直观全面,使用方便。

(5) 内存查看窗口。用户在地址栏处通过输入十六进制数 4 位段地址:4 位偏移地址(如 D000:0000),可以查看从该区域开始的 80 个字节内存单元内容。

注意:段地址和偏移地址必须输入 4 位。

(6) 数据段变量查看窗口。用户可以在该区域查看在数据段中定义的变量,并通过单击相应变量名来展开该变量的内容值,也可以双击来手动改变变量的值,如果有内容发生变化则以红色显示。

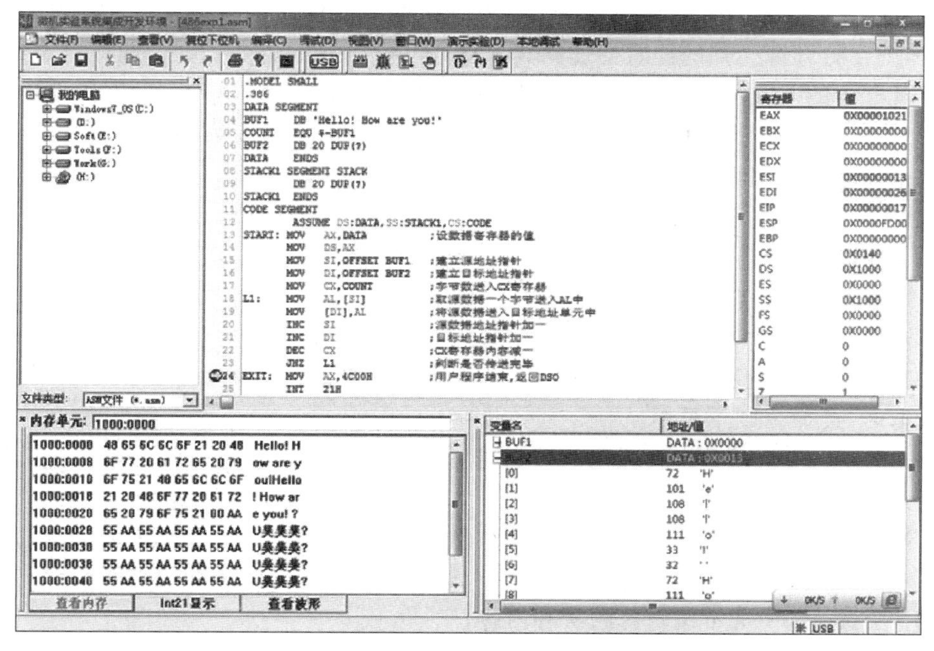

图 5.8 TPC-486 上位机软件全屏幕窗口 IDE

(7) 寄存器查看窗口。用户可以在该区域查看各寄存器单元的内容,也可以双击来手动改变寄存器内容的值,如果有内容发生变化则以红色显示,如图 5.9 所示。

图 5.9 TPC-486 上位机软件寄存器查看窗口

3. 各菜单项的详细操作说明

1) 文件

(1) 新建:在 TPC-486 中建立一个新文档。

(2) 打开：打开一个后缀为.asm、.c或.txt的源文件。如果该源文件已经汇编、链接过了，则在打开源文件的同时会连同其EXE等调试用的文件一起打开，此时下载菜单项和工具栏中的下载按钮变成活动，以便进行加载。

(3) 保存：用此命令来保存当前正在编辑的文档；也可以用菜单栏上的"另存为"命令来保存当前正在编辑的文档。

此外，文件菜单下还提供了文档打印和打印设置的相关选项。

2) 编辑

(1) 撤销：撤销文本编辑区的上一个操作。

(2) 重做：重做文本编辑区的上一个操作。

(3) 剪切：将当前被选取的数据从文档中删除并放置于剪贴板上。如果当前没有数据被选取时，此命令则不可用。

(4) 复制：用此命令将被选取的数据复制到剪切板上。如果当前无数据被选取时，此命令则不可用。

(5) 粘贴：将剪贴板上内容的一个副本插入到插入点处。如果剪贴板是空的，此命令则不可用。

(6) 全选：选中文本编辑区的所有内容。

(7) 查找：用于查找指定字符串。

(8) 替换：用于替换指定字符串。

3) 查看

该菜单下提供工具栏和状态栏的显示和隐藏选项。

4) 复位下位机

实现上位机和下位机的软件复位。

5) 编译

汇编当前编辑的源程序，在源文件目录下生成EXE文件。如果有错误或警告生成，则在输出区显示错误或警告信息，如图5.10所示，双击错误或警告信息，可定位到有错误或警告的行，修改有错误或警告的行后应重新汇编。如果汇编没有错误发生(即使有警告发生)则链接菜单项和工具栏中的"链接"按钮变成活动，以便进行链接。编译时自动保存源文件中所做的修改。

6) 运行

(1) 开始调试：将打开的EXE文件下载到TPC-486实验机，如图5.11所示。只有当文件下载成功后，各个调试菜单项和相应快捷按钮才处于允许状态，用户才可进行程序调试。例如，断点的设置、程序的运行和单步跟踪等。

(2) 运行到断点：从当前指令处全速执行程序，遇到断点后，返回监控状态(即上位机能控制实验机的操作，例如，单步、设置断点、修改寄存器值等)。

(3) 单步跳跃：跳过该行语句，进入下一行进行调试。

(4) 单步进入：进入语句中的子程序进行步进调试。

(5) 退出调试：退出当前程序调试过程。

(6) 全速运行：程序全速运行，直到有暂停命令，或者复位实验机。

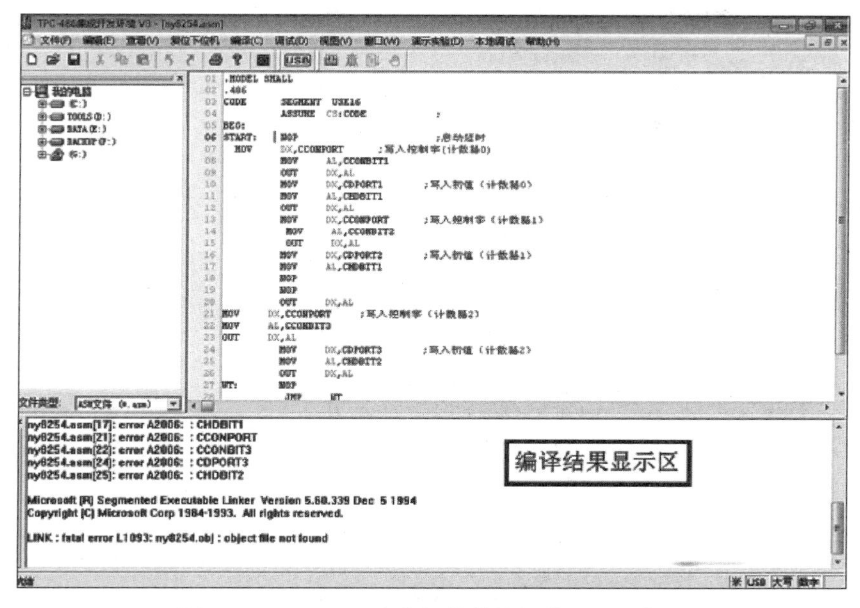

图 5.10 TPC-486 上位机软件编译结果显示窗口

图 5.11 TPC-486 上位机软件 EXE 文件传送提示信息

7）视图

可对上位机软件的输出窗口、调试窗口和波形窗口进行选择。

8）窗口

新建窗口：在当前视图下，新建一个工作窗口。

还可以在该菜单下对窗口的位置关系进行设置，选项分别有层叠、水平和垂直。

9）演示实验

微机实验系统演示实验：选择该选项后，可以在本地查看系统自带的 20 个实验示例，包括实验说明、实验原理图、实验流程图、ASM 程序和演示实验等部分。

自定义实验：可选择新增、修改和删除自定义实验，具体如图 5.12 所示。

4. 其他使用说明

(1) 本开发环境对于汇编语言而言，支持下面两种模式。

① Model small (32 位模式，推荐使用此模式)

② 486

程序一开始必须写以上两条伪指令，而且顺序不可颠倒。

.16 位模式，则无须写以上两条伪指令。

a. 对于汇编语言，用户程序仅含一个代码段和一到两个数据段。

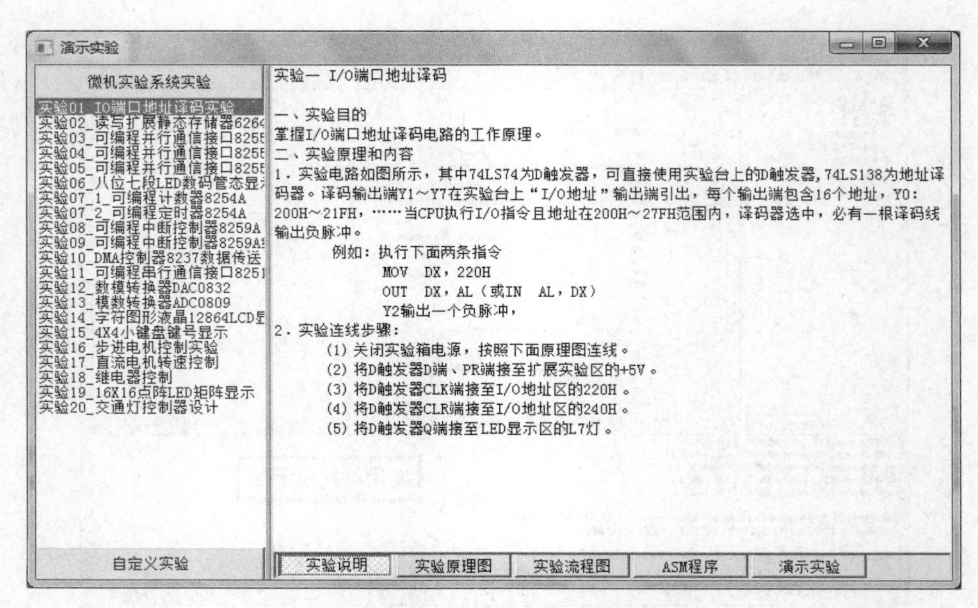

图 5.12 微机实验系统演示实验窗口

b. 用户程序由系统自动装入 0：1400 开始的内存单元，用户数据段自动装入 1000：0 开始的内存单元，因而用户在程序中无须指定具体地址。仅有一个数据段的变量内容可直接在窗口右下方单击变量名观察，右键变量可选十进制和十六进制显示，并且可以直接修改变量数值。如果需要观察存储单元的十六进制数，则需要在左边的地址窗口输入“段地址，偏移地址”才可显示存储器内容。

(2) 使用集成开发环境进行编辑、调试 C 语言程序时，有如下约定。

① C 语言使用 BC3.1 版本，支持 16 位操作。

② 因为没有操作系统支持，C 程序中不能使用系统函数，printf 和 scanf 等输入输出函数也不能使用。

③ 监控程序支持部分 INT 16H 和 INT 21H 功能。使用 C 调用汇编语法实现。

④ 对于无限循环程序，循环体内至少需要两条 C 语句。

⑤ 要求 inportb 读取的变量用 char、uchar 之类的 8 位保存，并且在需要用到 inport 这类函数的时候要求至少执行一次这类函数，详细描述如下：

```
char i =inportb(xxx)
   if(i) X1 xxxx
   else
      X2 xxxx
```

如果需要走到这个分支内部的话，不能直接在分支内的 X1 或者 X2 处设置断点并跳跃至断点，必须把断点设置在 if 或者 if 的前面，保证能执行一次 inport 的赋值函数，以便得到正确的运行轨迹。另外每一个用于 inport 函数保存的变量的命名不能有重复，保证唯一性。

⑥ 不能将 inportb 语句用于条件判断表达式之中,如

```
while (inportb(0x200)!=0);
```

而应该先将 inportb(0x200)输入到一个变量中(如 k),然后对变量进行判断,如 while(k!=0)。

5.2.3 软件使用举例

1. 程序的编辑、汇编和链接

(1) 选择"文件"→"打开"菜单项,打开已保存的文件(如 8254. ASM),或选择"文件"→"新建"菜单项,在编辑/调试区对源程序进行编辑。

(2) 选择"编译"菜单项,对源文件进行汇编,如果汇编成功,则会生成 EXE 文件。

2. 程序的下载

(1) 选择"复位下位机"菜单项或按下实验装置的复位按钮,复位实验装置。

(2) 选择"调试"→"开始调试"菜单项或快捷按钮,将链接成功的可执行 EXE 文件下载到 TPC-486 实验装置。只有当文件下载成功后,各个调试菜单项和相应快捷按钮才处于允许状态。

3. 程序的运行和动态调试

1) 程序的运行

选择"调试"→"全速运行"菜单项或快捷按钮,即可开始连续运行程序。

2) 程序的调试:

(1) 选择"运行"→"单步"菜单项或快捷按钮,程序单步执行,单步操作依次仅执行一条指令,可帮助用户检查程序的正确性。

(2) 断点的设置和取消。

设置断点的目的是使程序执行到断点指令时暂停,以便检查结果。

(3) 检查单步执行结果。

指令执行后,可能使某些寄存器、状态标志、存储单元和堆栈发生变化。因此用户可在各显示区域查看相应的变化结果,并可根据需要对值进行修改。

第6章 chapter 6

硬件接口实验

本章内容是为“32位微型计算机原理与接口技术”类课程配置的硬件接口实验部分。由于硬件实验是以“TPC-486EM 32位微机原理与接口技术实验系统”为实验平台，对实验装置上系统资源的使用，读者请参考第5章和本章的实验示例。

6.1 定时器/计数器实验

1. 实验说明

本实验中使用的核心器件是8254(或8253)定时器/计数器。

1) 8254、8253的结构和工作方式

8254和8253都是可编程定时器/计数器，它们的引脚兼容，功能和使用方法基本相同。8254的最高计数频率为10MHz，8253只有2MHz，8254比8253多一个读出命令。

8254和8253内部有3个独立的16位计数器，每个计数器对外有3个引脚：GATE门控信号、CLK计数脉冲输入端、OUT计数器输出端。每个计数器有6种工作方式：方式0～方式5可供选择，其中方式2和方式3具有初值自动重装功能，因此计数器工作在方式2和方式3时，输出的是连续信号，输出信号的周期$T_{out}=N\times T_{CLK}$，N为计数初值，T_{CLK}为输入信号的周期。

2) 8254和8253的控制字和初始化编程

8254和8253初始化编程分两步进行：首先向控制字寄存器写入方式控制字，对使用的计数器规定其工作方式等；然后向使用的计数器端口写入计数初值。

(1) 8254(或8253)的控制字格式如表6.1所示。

(2) 8254的读出命令控制字格式如表6.2所示。该控制字能同时锁存几个计数器的计数值和状态信息，D3位置1表示锁存的是2号计数器，D2位置1表示锁存的是1号计数器，D0位置1表示锁存的是0号计数器。注意该控制字只限于8254。

读取的状态信息(即状态字)反映了当前计数器的状态，各位的含义如表6.3所示。

(3) 8254(或8253)的锁存命令控制字格式如表6.4所示。该控制字每次只能锁存一个计数器的当前计数值。

表 6.1　8254(或 8253)的控制字格式

D7	D6	D5	D4	D3	D2	D1	D0
计数器选择		读写方式选择		工作方式选择			计数码制选择
00——计数器 0 01——计数器 1 10——计数器 2 01——读出控制字标志		00——锁存计数值 01——读/写低 8 位 10——读/写高 8 位 11——先读/写低 8 位 再读/写高 8 位		000——方式 0 001——方式 1 010——方式 2 011——方式 3 100——方式 4 101——方式 5			0——二进制数 1——十进制数

表 6.2　8254 的读出命令控制字格式

D7	D6	D5	D4	D3	D2	D1	D0
1	1	0——锁存计数值	0——锁存状态信息	计数器选择			0

表 6.3　8254(或 8253)状态字

D7	D6	D5	D4	D3	D2	D1	D0
0：OUT 引脚的输出是 0 1：OUT 引脚的输出是 1	计数初值是否装入 1—无效计数　0—计数有效	与方式控制字对应位意义相同					

表 6.4　8254(或 8253)的锁存命令字格式

D7	D6	D5	D4	D3	D2	D1	D0
00——锁存 0 号计数器 01——锁存 1 号计数器 10——锁存 2 号计数器 11——非法		0	0	×	×　×	×	

3) 8254 在 PC 中的应用

在 PC 系列机中，8254 是 CPU 外围支持电路之一，8254 的口地址为 40H～43H。0 号计数器提供系统时钟中断，1 号计数器提供动态存储器刷新定时信号，2 号计数器为系统扬声器提供音频信号，用户可以通过改变 2 号计数器计数初值的方法，让扬声器发出不同频率的声音，让 PC 完成一首乐曲的演奏。

2. 实验原理

8254(或 8253)定时器/计数器模块如图 6.1 所示。图中 8254(或 8253)数据线已经接至系统数据总线 D0 ～ D7，8254(或 8253)的 A0、A1 引出接插口，由读者连线。实验机上已经将地址总线的 A2、A3、A4 引出接插口，读者可从其中选择两个相邻的地址线连至 8254(或 8253)的 A0、A1，用于片内端口的选择。实验装置上的 3 个计数器都归用户使用，可以单独使用其中的一个计数器，也可以串联使用其中的 2 个或 3 个计数器。

注意：8254 的最高计数频率不能超过 10MHz，8253 不能超过 2MHz，否则长时间使用，芯片过热，容易烧毁。

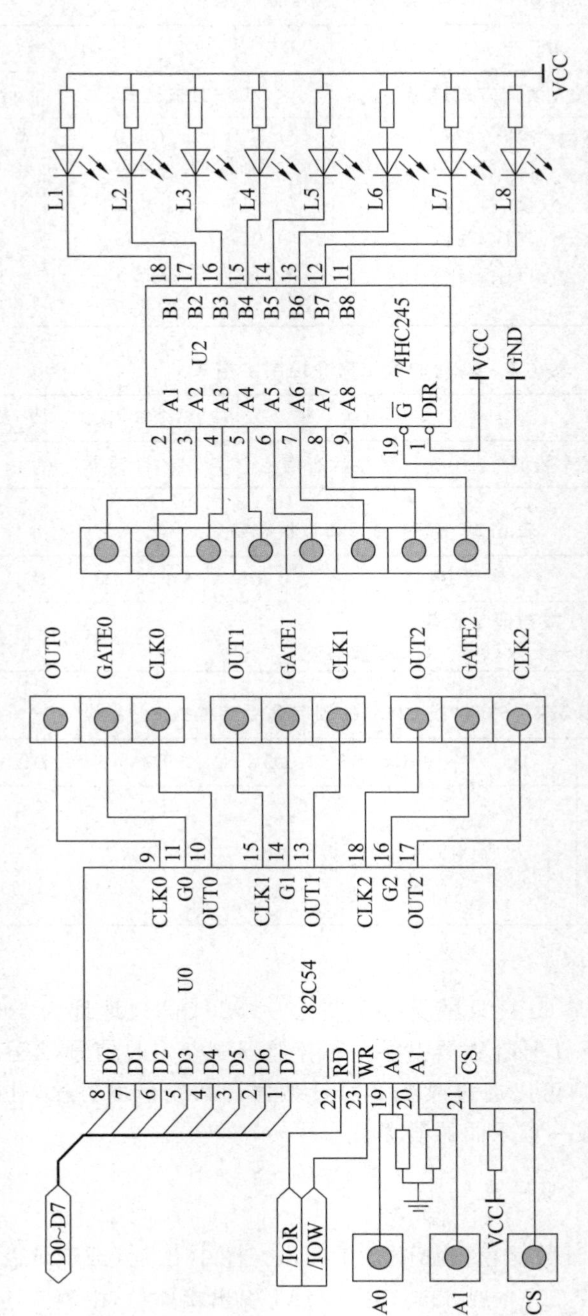

图 6.1　8254(或 8253)定时器/计数器原理图

3. 实验目的和要求

掌握8254(或8253)的结构、工作原理、工作方式、初始化编程及使用方法。

4. 实验示例

【例6.1】 编程实现将8243/8253的定时器0设为工作方式3(方波方式),从发光二极管观察计数器的输出。

【实验设备】

8254(或8253)定时器/计数器模块。

【硬件连线】

实验连线步骤如下。

(1) 关闭实验箱电源,按照下面(2)~(7)所述连线。

(2) 将8254的A0、A1接至扩展总线区A0、A1。

(3) 将8254的$\overline{RD}$、$\overline{WR}$接至扩展总线区$\overline{IOR}$、$\overline{IOW}$。

(4) 将8254的$\overline{CS}$接至I/O地址区/210H~21FH。

(5) 将8254的OUT0、OUT1、OUT2接至LED显示区L7、L6、L5。

(6) 将8254的GATE0、GATE1、GATE2接至扩展实验区+5V。

(7) 将8254的CLK0、CLK1、CLK2接至时钟500kHz、100kHz、1kHz。

OUT0为计数器0的输出,可用示波器观测波形,或接至发光二极管的输入(D1,D2,…,D8),如D1,观测LED的变化。

按照该题中的硬件连线示例可得:8254控制端口为213H,计数器0的地址为210H,计数器1的地址为211H,计数器2的地址为212H。

【程序流程图】

程序流程图如图6.2所示。

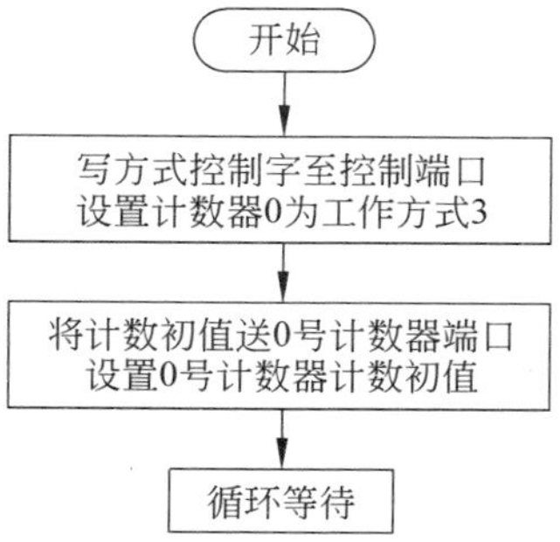

开始
↓
写方式控制字至控制端口 设置计数器0为工作方式3
↓
将计数初值送0号计数器端口 设置0号计数器计数初值
↓
循环等待

图6.2 例6.1的实验示例程序框图

【程序清单】

```
.MODEL SMALL
.486
CODE        SEGMENT USE16
            ASSUME CS:CODE
            ; ORG   3000H
BEG:        JMP     START
CCONPORT    EQU     213H                ;控制口地址
CCONBIT1    EQU     00010110B           ;0号计数器初始化控制字
CDPORT1     EQU     210H                ;0号计数器口地址
CHDBIT1     EQU     00H                 ;计数初值为0,实际计数值为65 536
START:      NOP                         ;启动延时
            MOV     DX,CCONPORT         ;写入控制字(计数器0)
            MOV     AL,CCONBIT1
            OUT     DX,AL
            MOV     DX,CDPORT1          ;写入初值(计数器0)
```

```
            MOV     AL,CHDBIT1
            OUT     DX,AL
WT:         NOP
            JMP     WT
CODE        ENDS
            END     BEG
```

5. 实验项目

【实验 6.1】 观察 8254(或 8253)工作方式 2 的输出波形。

实验设备：

8254(或 8253)定时器/计数器模块；示波器。

实验要求：

完成相应的硬件电路连线，并编写程序让 8254(或 8253)的计数器 2 工作在方式 2，用示波器观察计数器 2 的输出波形。

【实验 6.2】 验证 8254(或 8253)工作方式 1 的计数过程。

实验设备：

8254(或 8253)定时器/计数器模块。

实验要求：

用实验装置上的单脉冲信号作为计数器的输入脉冲，计数器的输出接至发光二极管的驱动电路，通过观察发光二极管的闪动情况来验证 8254(或 8253)工作方式 1 的计数过程。完成硬件电路连线，并编写相应的程序。

【实验 6.3】 流光发生器的设计。

实验设备：

8254(或 8253)定时器/计数器模块。

实验要求：

请完成相应的硬件电路连线并编写程序，使 8254(或 8253)的 3 个计数器输出不同周期的信号，控制 3 个发光二极管，达到流光效果。

【实验 6.4】 8254(或 8253)产生定时信号。

实验设备：

8254(或 8253)定时器/计数器模块。

实验要求：

请完成相应的硬件电路连线并编写程序，用 8254(或 8253)的两个计数器，采用级联方式，产生 1S 的定时信号，使计数器的输出接至发光二极管的驱动电路，并观察发光二极管闪动情况且记录下闪动频率。

【实验 6.5】 音乐程序设计。

实验设备：

PC 系列机。

实验要求：

利用 PC 中的系统 8254 的 2 号计数器，设计音乐程序，演唱一首乐曲，当主机键盘按下任意键停止演唱。

6.2 中断实验

1. 实验说明

本实验中使用的核心器件是 8259A 中断控制器。

硬件中断是由 CPU 以外的器件发出的中断请求信号而引发的中断。80486 CPU 只有 2 个引脚(INTR 和 NMI)可以接收外部的中断请求信号，为了管理众多的外部中断源，Intel 公司设计了专用的配套芯片——8259A 中断控制器。8259A 是可编程芯片，一片 8259A 管理 8 级中断源，采用级联方式，两片 8259 可以管理 15 级中断。

1) 8259A 控制命令字

ICW1 的格式和位功能如图 6.3 所示，该命令字必须送偶地址端口。

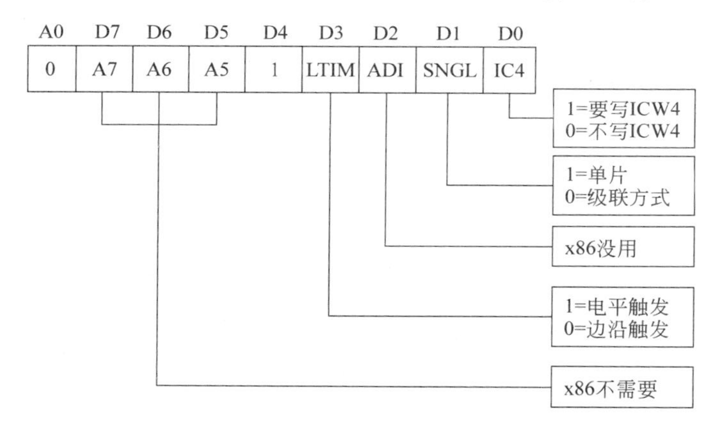

图 6.3 ICW1 的格式和位功能

ICW2 的格式如图 6.4 所示，左 5 位定义了一个固定的二进制码 T7～T3，它是中断类型码的前 5 位，当 8259A 将相应有效输入的 3 位中断类型号送到总线上时，它自动与 T3～T7 结合形成一个 8 位中断类型码。该命令字必须送奇地址端口。

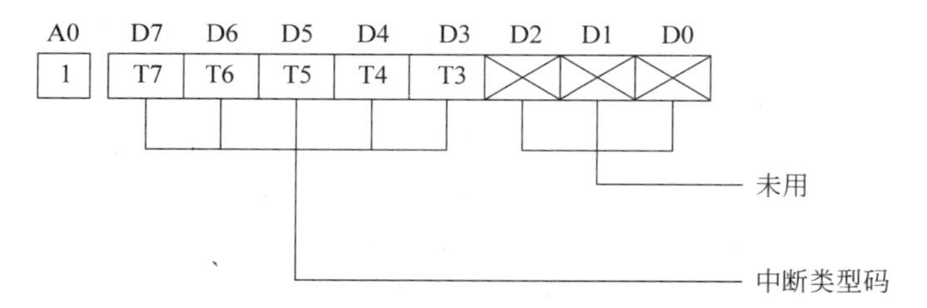

图 6.4 ICW2 的格式

ICW3 的格式如图 6.5 所示，只有有级联方式时才需要初始化命令 ICW3 的信息，而且主片 8259A 和从片 8259A 的初始化命令字不同。主片 ICW3 的格式如图 6.5(a)所示，各位对应于 IR0～IR7 的输入，相应的 Si＝0，表示 8259A 的 IRi 端没有接从片 8259A，反之则表示有。从片 8259A 的 ICW3 格式如图 6.10(b)所示，ID2～ID0 编码表明该从8259A接到主8259A的哪一个中断输入端(从片8259A用此ID码来比较主片8259A在CAS0～CAS2上的设备代码输出)。该命令字必须送奇地址端口。

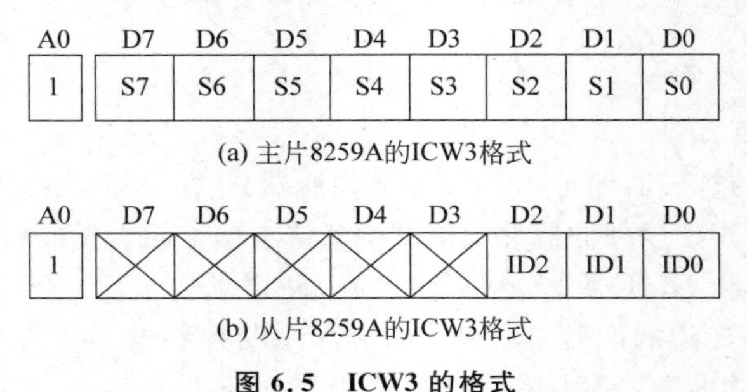

图 6.5　ICW3 的格式

ICW4的格式如图6.6所示,D7～D5固定为0,是ICW4的标志码。ICW4也必须写入8259A的奇地址端口。

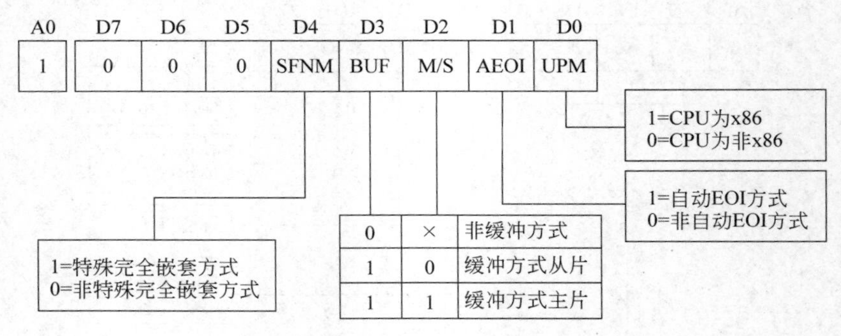

图 6.6　ICW4 的格式

OCW1称为中断屏蔽字,它写入奇地址端口,进入中断屏蔽寄存器IMR。屏蔽字每一位Mi与中断请求寄存器IRR的每一位一一对应,Mi=1,将屏蔽IRRi的中断请求进入优先权电路,Mi=0意味着开放IRi的中断。

OCW2称为中断结束命令字,用来控制中断结束,最常用的EOI命令字为20H。OCW2也写入偶地址端口。

2) 8259A的编程

8259A是可编程器件,其工作方式由软件编程决定。它提供的两类命令字分别可以用来完成初始化编程和应用编程。其中ICW命令可装入到8259A的内部控制寄存器,以确定它用到的中断管理方式或工作模式。经过初始化编程以后,在使用过程中只需使用OCW进行应用编程即可。

(1) 初始化编程。

初始化过程就是按照严格的初始化步骤分别向ICW1～ICW4写入初始化命令字。对8259A的初始化过程如图6.7所示。

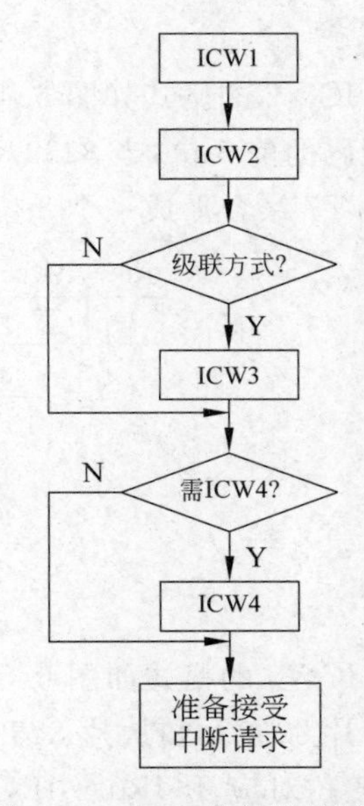

图 6.7　8259A 的初始化过程

(2) 应用编程。

8259A 的应用编程也受初始化编程的制约。8259A 经过初始化编程,准备好接受 IR0～IR7 的中断请求。在运行过程中,用户可根据需要进一步写入操作命令字,即应用编程。

3) PC 系统可屏蔽中断

系统的可屏蔽中断使用两片 8259A 管理 15 级中断。系统分配给主 8259A 的口地址为 20H 和 21H,分配给从 8259A 的口地址为 A0H 和 A1H。当从 8259A 任一中断源请求被选中后,经由从 8259A 的 INT 端向主 8259A 的 IR2 提请求。

系统日时钟中断的中断源为系统 8254 的 0 号计数器,该计数器也由 BIOS 初始化,初始化以后,每隔 55ms 向主 8259A 的 IR0 端子提请一次中断,CPU 响应后,转入 8 型中断服务程序,即日时钟中断处理程序。日时钟中断每次都要执行 INT 1CH,即系统正常工作之后,每隔 55ms 都要访问一次 1CH 型中断,因此如果用户有一项定时操作,就可以设计一个定时操作程序,并用它取代 1CH 型中断。通常,把 1CH 型中断称为日时钟的外扩中断。

2. 实验原理

8259A 中断实验原理如图 6.8 所示。

3. 实验目的和要求

掌握 8259A 的结构、工作原理、工作方式、初始化及应用编程;掌握微机系统中断程序的设计。

4. 实验示例

【例 6.2】 系统中断控制器程序设计实验。

【实验内容】

(1) PC 的中断控制由 8259A 中断控制器来管理,中断控制器用于接收外部的中断请求信号,经优先级判别等处理后向 CPU 发出可屏蔽中断请求。

(2) 直接用手动产生单脉冲作为中断请求信号,每按一次单脉冲产生一次中断,在屏幕上显示一次提示信息,中断 10 次后程序退出。

【实验步骤】

(1) 图 6.9 中虚线部分实验时需要使用实验导线连接。

(2) 在 TPC-486EM 集成开发环境下输入程序,编译、链接,生成.exe 执行文件。

(3) 在程序执行后每按一次单脉冲产生一次中断,在屏幕上显示一次 TPC486EM_M8259 INT5!,中断 10 次后程序退出。

【程序流程图】

程序流程图如图 6.10 所示。

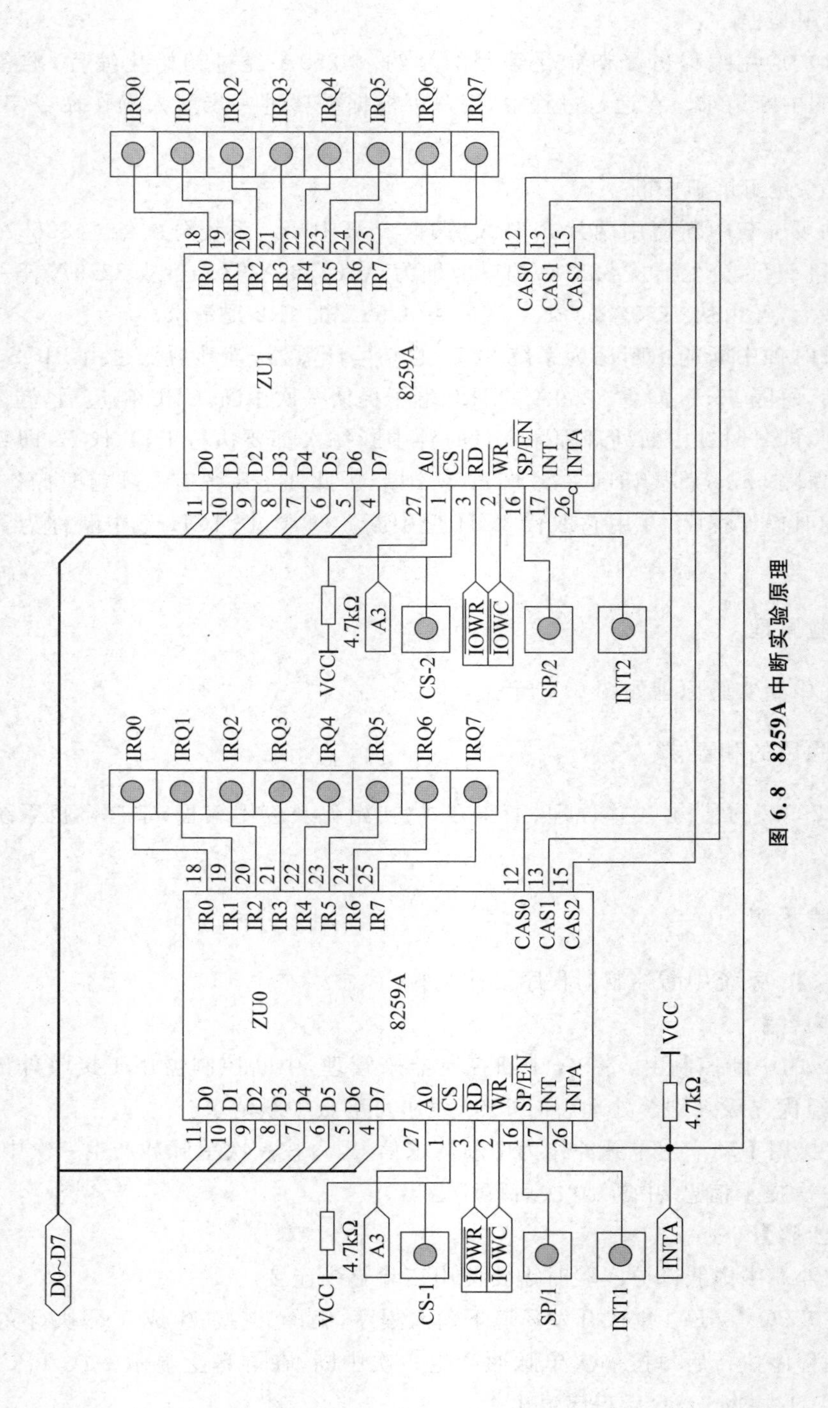

图 6.8 8259A 中断实验原理

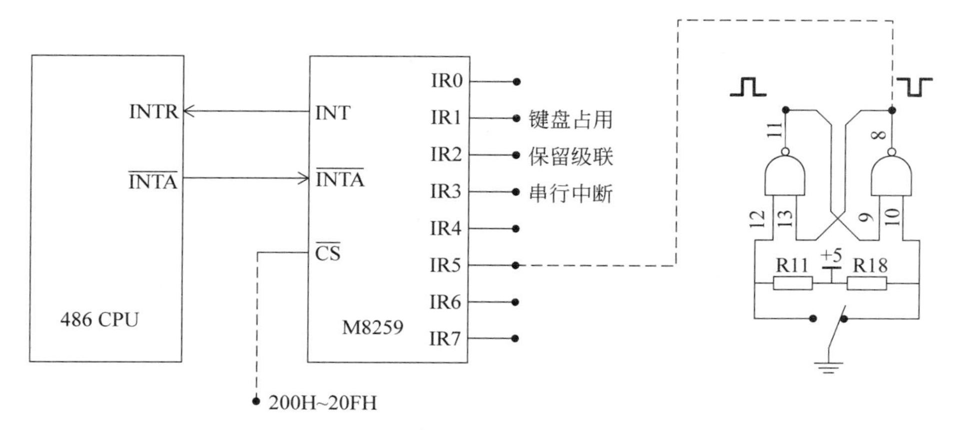

图 6.9 例 6.2 的实验原理图

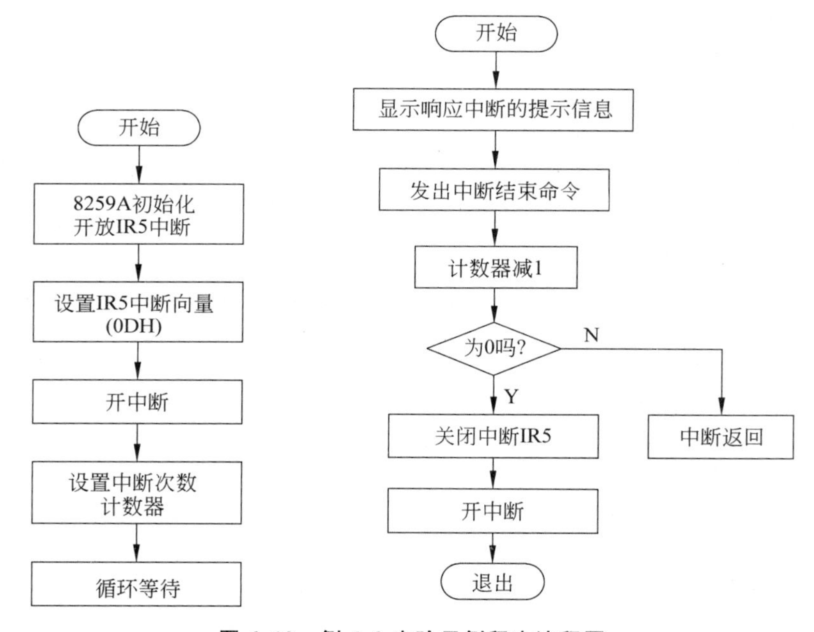

图 6.10 例 6.2 实验示例程序流程图

【程序清单】

```
.MODEL SMALL
.486
DATA      SEGMENT
MINT_CS   EQU     200H
MESS      DB      'TPC486EM_M8259 INT5!',0DH,0AH,'$'
DATA      ENDS
CODE      SEGMENT
          ASSUME CS:CODE,DS:DATA
START:    CLI
```

```
            MOV     AX,DATA
            MOV     DS,AX
            MOV     DX,MINT_CS              ;MASTER 8259A ICW1
            MOV     AL,11H                  ;边沿触发
            OUT     DX,AL
            MOV     DX,MINT_CS+1            ;MASTER 8259A ICW2
            MOV     AL,08H                  ;设置主 8259A 中断类型号为 08H~0FH
            OUT     DX,AL
            MOV     AL,00H                  ;MASTER 8259A ICW3
            OUT     DX,AL
            MOV     AL,01H                  ;MASTER 8259A ICW4
            OUT     DX,AL                   ;EOI
            MOV     DX,MINT_CS+1
            IN      AL,DX                   ;读 IMR
            AND     AL,0DFH                 ;开放 IR5 中断
            OUT     DX,AL
            MOV     AX,0
            MOV     DS,AX
            LEA     AX,CS:INT_PROC          ;写中断向量
            MOV     BX,5; N=IRx
            MOV     SI,08H; BASE =08
            ADD     SI,BX
            ADD     SI,SI; TYPE NUM
            ADD     SI,SI          ;X4,将 ISP 入口地址的偏移地址存放到 4XSI 的字单元之中
            MOV     DS:[SI],AX              ;置入中断服务程序入口地址的偏移量
            PUSH    CS
            POP     AX
            MOV     DS:[SI+2],AX            ;置入中断服务程序入口地址的段基址值
            MOV     CX,10
            STI                             ;开中断
LL:         NOP
            NOP
            NOP
            JMP     LL
INT_PROC:   MOV     AX,DATA                 ;中断处理程序
            MOV     DS,AX
            MOV     DX,OFFSET MESS
            MOV     AH,09                   ;显示每次中断的提示信息
            INT     21H
            MOV     DX,MINT_CS
            MOV     AL,20H                  ;向 8259A 发出 EOI 结束中断
            OUT     DX,AL
            SUB     CX,1
            JNZ     NEXT                    ;不为 0 转向 NEXT
            MOV     DX,MINT_CS+1
```

```
        IN      AL,DX
        OR      AL,20H              ;屏蔽位
        OUT     DX,AL
        STI                         ;置中断标志位
        MOV     AX,4C00H            ;返回监控程序
        INT     21H
        NEXT:   IRET
CODE ENDS
     END   START
```

5. 实验项目

【实验 6.6】 用中断方式实现学号的动态显示。

实验设备：

8259A 中断控制模块。

8255A 并行接口模块。

双色数码管显示模块。

实验要求：

实验系统只使用一片 8259A，采用中断方式编程，在数码管上实现字符串的动态显示。每来一次中断，字符串左移一位，循环往复，显示规律如图 6.11 所示。

1	2	3	4	5	6
2	3	4	5	6	1
3	4	5	6	1	2
4	5	6	1	2	3
5	6	1	2	3	4
6	1	2	3	4	5

图 6.11 数码管显示规律

【实验 6.7】 主从中断方式的数码管交替显示。

实验设备：

8259A 中断控制模块。

8255A 并行接口模块。

双色数码管显示模块。

实验要求：

中断申请信号接至从 8259A，采用中断方式编程，完成两数码管交替显示，即在第 1 位、第 2 数码位数码管上交替显示 1 和 2。

【实验 6.8】 数码管计时器。

8259A 中断模块。

8255A 并口模块。

8254(或 8243)定时器/计数器模块。

双色数码管显示模块。

实验要求：

利用 8254 作为定时源，采用中断方式编程，每隔 1s 使数码管显示的 8 字左移一位，循环往复。

编程提示：可对 8254 初始化为工作方式 3，使其输出周期为 1s 的方波信号，并将信号接至 8259A 的 IR7～IR0，作为中断申请信号。

【实验 6.9】 基于中断的字符串屏幕动态显示。

实验设备：

PC 系列机。

实验要求：

利用系统定时源设计 1CH 中断程序，要求每隔一定时间在系统机屏幕上显示一行字符串（字符串内容自定）。

6.3 串行通信实验

1. 实验说明

本实验中使用的核心器件是串行通信芯片 8250。

1) 8250 接口芯片

8250 是可编程串行异步通信接口芯片，有 40 条引脚，双列直插式封装，使用单一的+5V 电源，能实现数据的串→并及并→串转换，支持异步通信协议。片内有时钟产生电路，波特率可变。对外有调制解调器控制信号，可直接与 Modem 相连。

PC 有两个串行口：主串口（又称为串口 1）和辅串口（又称为串口 2）。使用 8250 芯片进行异步通信，主串口中断类型码为 0CH，辅串口中断类型码为 0BH。PC 串口使用 RS-232C 连接器与外部进行通信。

下面描述编程时使用到的 8250 内部寄存器各位的定义。

(1) 发送保持寄存器（3F8H/2F8H）。

该寄存器保存 CPU 送出的并行数据，转移至发送移位寄存器。

(2) 接收缓冲寄存器（3F8H/2F8H）。

接收到的串行数据，转换成并行数据存入接收缓冲寄存器，等待 CPU 读取。

(3) 通信线状态寄存器（3FDH/2FDH）。

该寄存器提供数据传输的状态信息，其各位含义如表 6.5 所示。

表 6.5 通信线状态字寄存器命令字格式

D7	D6	D5	D4	D3	D2	D1	D0
0	1——发送移位寄存器空闲	1——发送保存寄存器空闲	1——间断错	1——格式错	1——奇偶错	1——溢出错	1——一帧数据接收完毕

(4) 中断允许寄存器（3F9H/2F9H）。

该寄存器用来允许和禁止 8250 各级中断，其各位含义如表 6.6 所示。

表 6.6 中断允许寄存器命令字格式

D7	D6	D5	D4	D3	D2	D1	D0
0	0	0	0	1——允许提出 Modem 中断请求	1——允许提出接收错中断请求	1——允许提出发送中断请求	1——允许提出接收中断请求

(5) 中断识别寄存器(3FAH/2FAH)。

由于8250只能向CPU发出一个中断请求信号,为了识别是8250内部哪一个中断源引起的中断,在进入中断服务程序后,先读取中断识别寄存器的内容进行判断,各位含义如表6.7所示。

表6.7 中断识别寄存器命令字格式

D7	D6	D5	D4	D3	D2 D1	D0
0	0	0	0	0	00——Modem中断 01——发送中断 10——接收中断 11——接收错中断	0——有中断请求 1——无中断请求

(6) Modem控制寄存器(3FCH/2FCH)。

Modem控制寄存器是一个8位寄存器,D0～D3位的状态直接控制相关引脚的输出电平,其格式如表6.8所示。

表6.8 Modem控制寄存器命令字格式

D7	D6	D5	D4	D3	D2	D1	D0
0	0	0	1——8250工作在内环自检方式 0——8250非自检,正常收/发	1——使引脚OUT2输出低电平 0——输出高电平	1——使引脚OUT1输出低电平 0——输出高电平	1——使引脚RTS输出低电平 0——输出高电平	1——使引脚DTR输出低电平 0——输出高电平

(7) 除数寄存器(高8位3F9H/2F9H,低8位3F8H/2F8H)。

除数寄存器为16位,由高8位寄存器和低8位寄存器组成。分频系数由程序员分两次写入除数寄存器的高8位和低8位,除数(即分频系数)的计算公式如下:

$$除数=1843200\div(波特率\times16)$$

(8) 通信线控制寄存器(3FBH/2FBH)。

该寄存器规定串行异步通信的数据格式,如图6.12所示。

D7	D6	D5 D4 D3	D2	D1 D0
寻址位	中止位	校验位选择	停止位选择	数据位选择
1——访问除数寄存器; 0——访问非除数寄存器;	1——输出长时间中止信号; 0——正常通信;	000～110: 没有校验位; 001:设置奇校验; 011:设置偶校验; 101:校验位恒为1; 111:校验位恒为0	0——1位; 1(D1D0=00)——1.5位; 1(D1D0≠00)——2位;	00——5位 01——6位 10——7位 11——8位

图6.12 通信线控制寄存器命令字格式

(9)Modem状态寄存器(3FEH/2FEH)。

该寄存器反映了8250与通信设备(如Modem)之间联络信号的当前状态以及变化情况,各位含义如表6.9所示。

表 6.9 Modem 状态寄存器命令字格式

D7	D6	D5	D4	D3	D2	D1	D0
1——引脚;RLSD=0	1——引脚;$\overline{\text{RI}}$=0	1——引脚;$\overline{\text{DSR}}$=0	1——引脚;$\overline{\text{CTS}}$=0	1——引脚;RLSD 有电平变化	1——引脚;$\overline{\text{RI}}$有电平变化	1——引脚;$\overline{\text{DSR}}$有电平变化	1——引脚;$\overline{\text{CTS}}$有电平变化

8250 的初始化编程步骤如下。

① 设置寻址位:80H→通信线控制寄存器,使寻址位为 1。

② 将除数高 8 位/低 8 位→除数寄存器高 8 位/低 8 位,确定通信速率。

③ 将 D7=0 的控制字写入通信线控制寄存器,规定一帧数据的格式。

④ 设置中断允许控制字。

若采用查询方式,置中断允许控制字为 0。

若采用中断方式,置中断允许寄存器的相应位为 1。

⑤ 设置 Modem 控制寄存器。

中断方式:D3=1,允许 8250 送出中断请求信号。

查询方式:D3=0。

内环自检:D4=1。

正常通信:D4=0。

2. 实验原理

8250 串行通信模块原理图如图 6.13 所示。

3. 实验目的和要求

掌握串行通信的基本原理、8250 的结构、RS-232 串行接口标准及连接方法;掌握 8250 初始化编程和应用编程。

4. 实验示例

【例 6.3】 可编程串行通信接口 8250。

【实验内容】

(1) 其中定时器/计数器 8254 用于产生 8250 的发送和接收的时钟,将 TxD 和 RxD 连接在一起,收发采用查询方式。

(2) 定时器/计数器 8254 的计数初值=时钟频率/(波特率×波特率因子):

$$TC=1000000\div(1200\times16)=1000000\div19200=52$$

实验系统使用的时钟频率为 1MHz(1000000Hz),波特率若选 1200,波特率因子为 16,则计数初值为 52。

(3) 编程:从键盘输入一个字符,将其 ASCII 码加 1 后发送出去,再接收回来在屏幕上显示,实现自发自收。

注意:使用键盘输入功能调用,请把键盘插在 486EM 核心板上的 PS2 口上,键盘采用中断方式,键盘中断已经连接好,采用 IR1 中断,并在程序开始的地方加上:

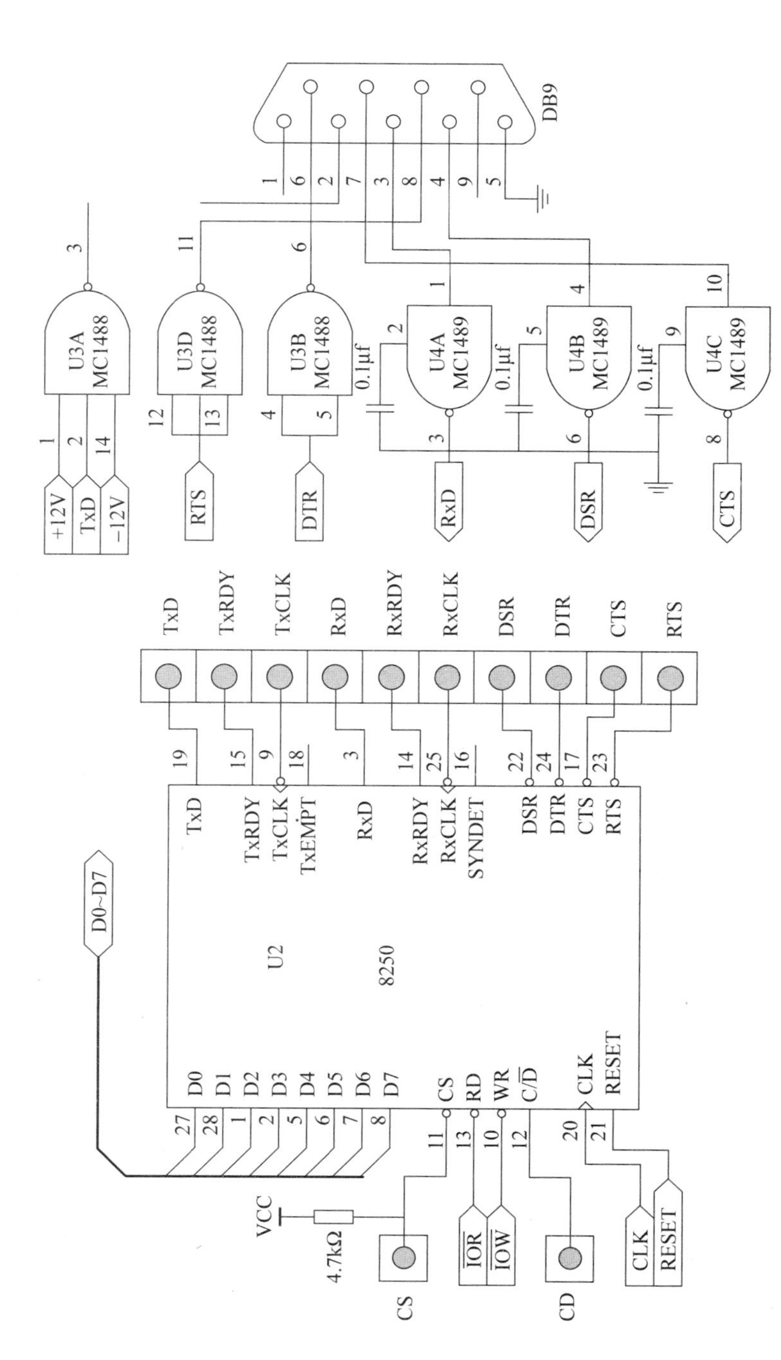

图 6.13 8250 串行通信模块原理图

```
MOV   DX,201H
IN    AL,DX
AND   AL,11111101B          ;开放键盘中断
OUT   DX,AL
STI
```

(4) 实验连线步骤如下。

① 关闭实验箱电源，按照下面原理图(见图 6.14)连线。

② 将 8250 的 A0、$\overline{RD}$、$\overline{WR}$接至扩展总线区 A0、$\overline{IOR}$、$\overline{IOW}$。

③ 将 8250 的 CLK、RST 接至扩展总线区 1MHz、RESET。

④ 将 8250 的 TxD 接至 8250 的 RxD。

⑤ 将 8250 的$\overline{CS}$接至 I/O 地址区/220H。

⑥ 将 8254 的 A0、A1、$\overline{RD}$、$\overline{WR}$接至扩展总线区 A0、A1、$\overline{IOR}$、$\overline{IOW}$。

⑦ 将 8254 的 CLK0 接至扩展总线区 1MHz。

⑧ 将 8254 的 GATE0 接至扩展实验区+5V。

⑨ 将 8254 的$\overline{CS}$接至 I/O 地址区 210H。

⑩ 将 8254 的 OUT0 接至 8250 的 TxCLK/RxCLK。

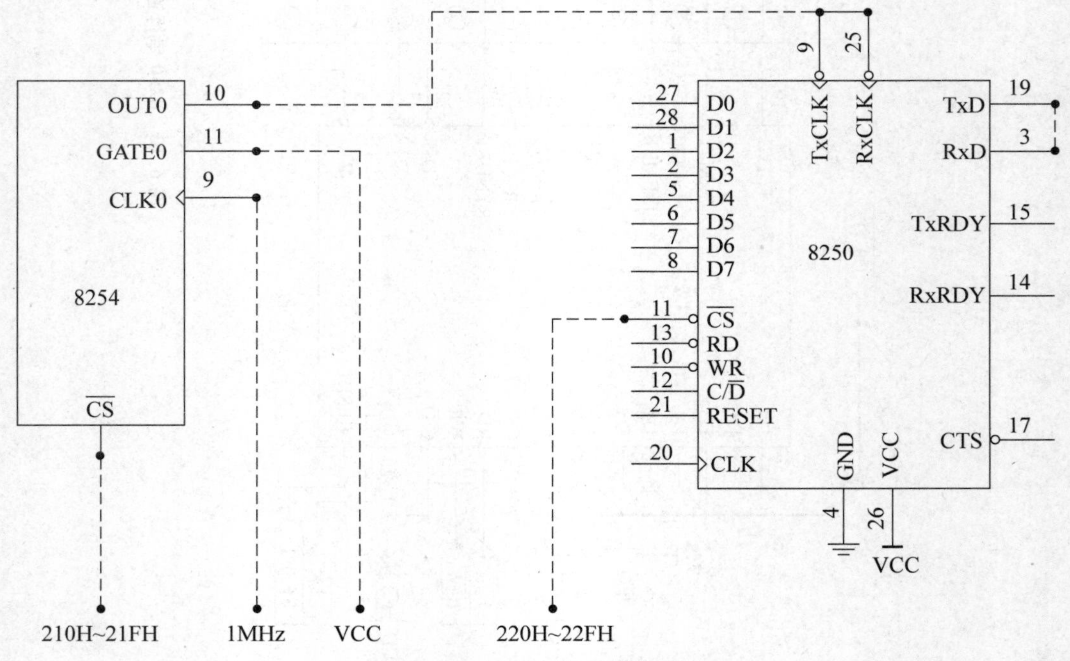

图 6.14 例 6.3 的实验原理图

【程序流程图】

程序流程图如图 6.15 所示。

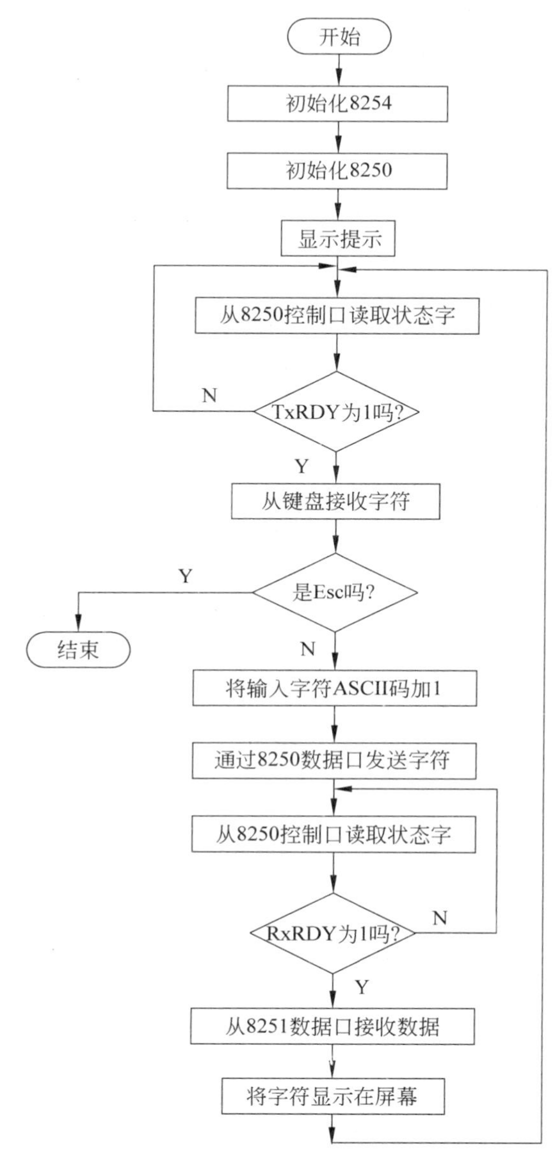

图 6.15 例 6.3 串行自发自收程序程序框图

【程序清单】

```
.MODEL SMALL
.486
DATA      SEGMENT
I8254_CS  EQU    210H
I8250_CS  EQU    220H
MES1      DB 'YOU CAN PLAY A KEY ON THE KEYBORD!',0DH,0AH,'$'
DATA      ENDS
```

```
CODE    SEGMENT
        ASSUME CS:CODE,DS:DATA
START:  MOV     AX,DATA
        MOV     DS,AX
        MOV     DX,201H
        IN      AL,DX
        AND     AL,11111101B        ;开放键盘中断
        OUT     DX,AL
        STI
        MOV     DX,I8254_CS+3       ;设置 8254 计数器 0 的工作方式
        MOV     AL,16H
        OUT     DX,AL
        MOV     DX,I8254_CS
        MOV     AL,52               ;给 8254 计数器 0 送初值
        OUT     DX,AL
        MOV     DX,I8250_CS+1       ;初始化 8250
        XOR     AL,AL
        MOV     CX,03               ;向 8250 控制端口送 3 个 0
DELAY:  CALL    OUT1
        LOOP    DELAY
        MOV     AL,40H              ;向 8250 控制端口送 40H,使其复位
        CALL    OUT1
        MOV     AL,4EH              ;设置 1 个停止位,8 个数据位,波特率因子为 16
        CALL    OUT1
        MOV     AL,27H              ;向 8250 送控制字允许其发送和接收
        CALL    OUT1
        MOV     DX,OFFSET MES1      ;显示提示信息
        MOV     AH,09
        INT     21H
WAITI:  MOV     DX,I8250_CS+1
        IN      AL,DX
        TEST    AL,01               ;发送是否准备好
        JZ      WAITI
        MOV     AH,01
        INT     21H                 ;是,从键盘上读一字符
        CMP     AL,27               ;若为 Esc,结束
        JZ      EXIT
        MOV     DX,I8250_CS
        INC     AL
        OUT     DX,AL               ;发送
        MOV     CX,0FFFFH
S51:    LOOP    S51                 ;延时
NEXT:   MOV     DX,I8250_CS+1
        IN      AL,DX
```

```
        TEST   AL,02                ;检查接收是否准备好
        JZ     NEXT                 ;没有,等待
        MOV    DX,I8250_CS
        IN     AL,DX                ;准备好,接收
        MOV    DL,AL
        MOV    AH,02                ;将接收到的字符显示在屏幕上
        INT    21H
        JMP    WAITI
EXIT:   MOV    AX,4C00H             ;退出
        INT    21H
OUT1    PROC
        OUT    DX,AL                ;向外发送一字节的子程序
        PUSH   CX
        MOV    CX,0FFFH             ;延时
GG:     LOOP   GG
        POP    CX
        RET
OUT1    ENDP
CODE    ENDS
```

5. 实验项目

【实验 6.10】 8250 自发自收异步通信。

实验设备:

8250 串行通信模块。

8255A 并行接口模块。

双色数码管显示模块。

8259A 中断模块。

8254(或 8243)定时器/计数器模块。

实验要求:

利用实验装置的 8254(或 8253)模块和 8250 模块,通过外环短路线(即将 RxD 和 TxD 短接),构成自发自收的串行通信实验环境。编写自发自收程序,即将字符串经 8250 发出,再经 8250 接收,同时把接收到的内容显示在双色数码上。要求字符发送采用查询方式,接收采用中断方式。

【程序流程图】

程序流程图如图 6.16 所示。

【实验 6.11】 8250 异步通信。

实验设备:

8250 串行通信模块。

8255A 并行接口模块。

双色数码管显示模块。

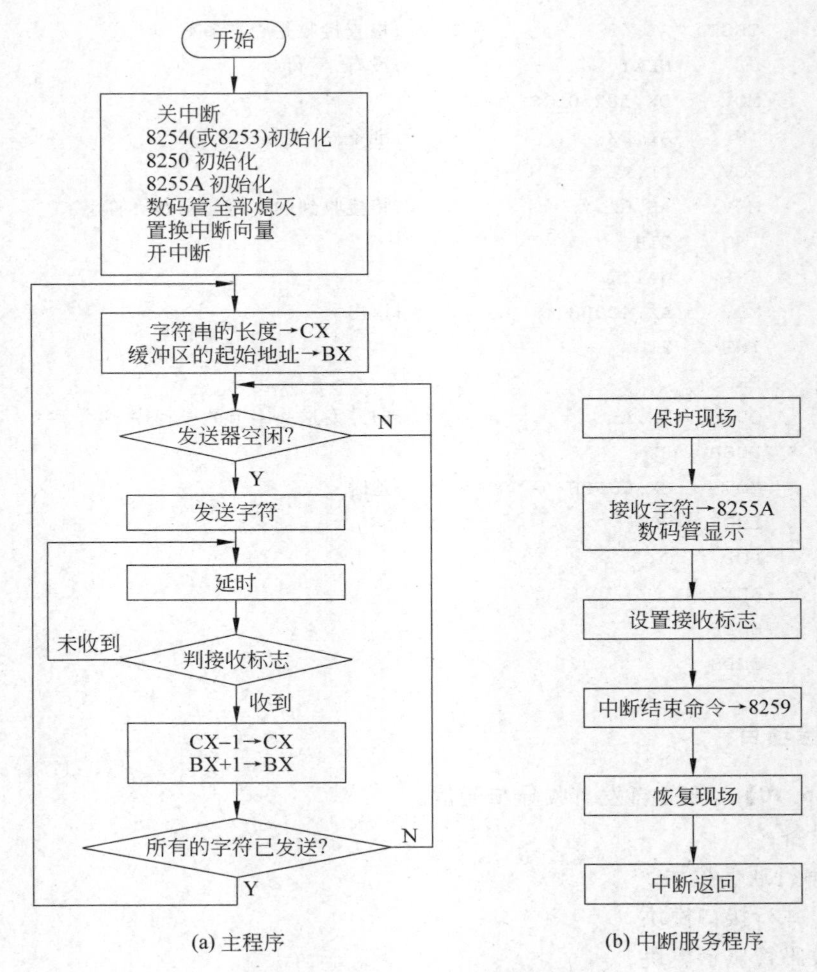

图 6.16　实验 6.10 的程序框图

实验要求：

两台实验装置采用查询方式完成全双工异步通信。两部实验系统均可随机地经串口发出电文，接收电文，并确定收发正确。收发时钟由分频器电路产生。

【实验 6.12】 8250 同步通信。

实验设备：

8250 串行通信模块。

8255A 并行接口模块。

双色数码管显示模块。

8254(或 8243)定时器/计数器模块。

实验要求：

两台实验装置采用查询方式完成全双工同步通信。要求采用 EB9AH 作为双同步码，两台实验装置均可随机地经串口发出电文，并能正确接收电文。收发时钟由 8254 产生。

提示：在此实验中电文的长度由通信格式中紧跟同步码后面的一个字节的信息决定，因此双方应有通信规约。

【实验6.13】 异步通信实验设计。

实验设备：

8250串行通信模块。

PC系列微型计算机。

实验要求：

利用系统机的串口与实验装置进行通信。要求在系统机上设计一窗口，完成系统机与实验装置的通信帧格式及通信波特率的设定；在窗口内可以编辑发送报文的内容并能显示接收报文的内容。

【实验6.14】 测试微机系统串行口。

实验设备：

PC系列微型计算机。

实验要求：

运用微机系统串行口知识，进行微机系统串行口的测试；完成硬件测试环境；编写程序对微机系统的串口进行自发自收外环测试；数据发送从键盘输入，接收数据在屏幕显示。

6.4 并行接口实验

1. 实验说明

本实验中使用的核心器件是并口芯片8255A。

1) 8255A的结构和工作方式

8255A芯片内部有3个8位的输入输出端口，即A口、B口、C口和一个控制口。从内部控制的角度来讲，可分为两组：A组和B组。A组控制模块管理A口和C口的高4位(PC7～PC4)，B组控制模块管理B口和C口的低4位(PC3～PC0)。

8255A有3种工作方式：方式0是基本型输入输出方式；方式1是选通型输入输出方式；方式2是双向数据传送方式。A口可以工作在方式0、方式1、方式2；B口可以工作在方式0和方式1，不能工作在方式2；C口可以工作在方式0，不能工作在方式1和方式2。

2) 8255A的控制字和初始化编程

(1) 方式选择命令字的格式及每位的作用如图6.17所示。

(2) C口置1/置0命令字的格式及每位的作用如图6.18所示。

8255A初始化编程的步骤如下。

① 向8255A控制寄存器写入“方式选择控制字”，从而预置端口的工作方式。

② 当端口预置为方式1或方式2时，再向控制寄存器写入“C口置0/置1控制字”。这一操作的主要目的是使相应端口的中断允许触发器置0，从而禁止中断，或者使相应端口的中断允许触发器置1，从而允许端口提出中断请求。

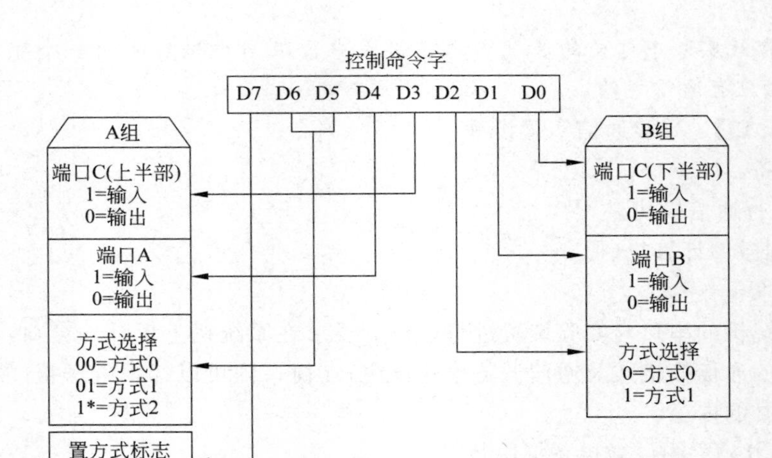

图 6.17 方式选择命令字格式

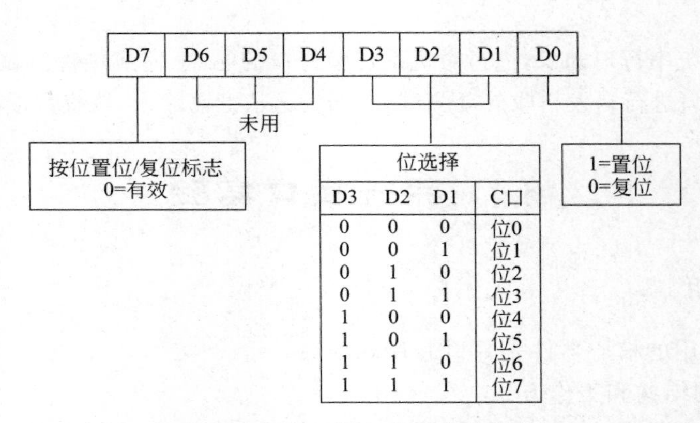

D3	D2	D1	C口
0	0	0	位0
0	0	1	位1
0	1	0	位2
0	1	1	位3
1	0	0	位4
1	0	1	位5
1	1	0	位6
1	1	1	位7

图 6.18 置 1/置 0 命令字的格式

3）8255A 端口联络线

8255A 没有专用的控制线引脚，当端口预置为方式 1 或方式 2 之后，芯片内部的硬件结构发生变化，从而使 C 口的某些端线成为控制线，而且这些控制线的输入输出不再受“方式选择控制字”相关位的控制。图 6.19 列出了 C 口的端线与控制线对照表。

$\overline{STB}$：这是输入设备送往 8255A 端口的输入选通信号。当输入设备准备了一个数据并送到端口数据线之后，还需要在$\overline{STB}$端线上送一个宽度大于 500ns 的负脉冲，这样才能把端口数据线上的输入数据存入 8255A 相应端口的输入缓冲寄存器之中。

IBF：这是 8255A 送往输入设备的应答信号。IBF＝1，表示输入缓冲寄存器已经寄存了一个数据(CPU 还没有取走)。输入设备应当查询 IBF，只有当 IBF＝0 时，才可以输入下一个数据。另外程序员也应该查询 IBF，当 IBF＝1 时，应立即执行输入指令，从相应端口取走数据。

$\overline{OBF}$：这是 8255A 送往输出设备的联络信号。$\overline{OBF}$＝0，通知输出设备 8255A 的端口数据线上已经准备好了一个数据，将输出设备取走。该端子也供程序员查询。程序在

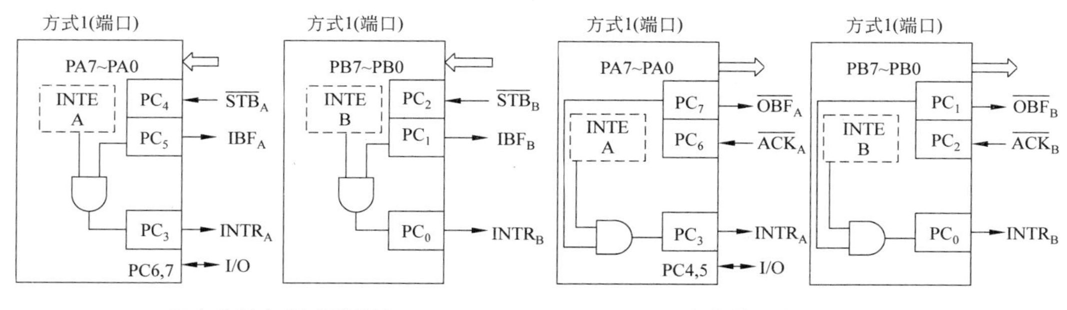

(a) 方式1输入对应的联络线　　(b) 方式1输出对应的联络线

图 6.19　8255A 端口联络线

向 8255A 输出数据之前，应先查询$\overline{OBF}$，当$\overline{OBF}$=0 时，表示输出缓冲寄存器是“满”的，其中的数据还没有被输出设备取走，故程序不能写入下一个数据，只有当$\overline{OBF}$=1 时才能写入下一个数据。

$\overline{ACK}$：这是输出设备送往 8255A 的应答信号。当输出设备从端口数据线上接收了一个数据之后，应从$\overline{ACK}$端子向 8255A 送一个宽度大于 300ns 的负脉冲。8255A 在收到$\overline{ACK}$信号之后，才能使$\overline{OBF}$=1，CPU 才能输出下一个数据。

由于$\overline{STB}$信号和$\overline{ACK}$信号是外设送往 8255A 的信号，在时间上是随机出现的，而且脉冲宽度较窄，程序不易“捕捉”，因此当使用查询方式通过 8255A 与外设交换数据时，程序不应查询$\overline{STB}$端子和$\overline{ACK}$端子，应当查询 IBF 和$\overline{OBF}$。

4）8255A 的中断应用

8255A 内部有 4 个中断允许触发器，当程序欲采用查询方式和 8255A 交换信息时，在初始化阶段应使相应的中断允许触发器置 0。如果采用中断方式和 8255A 交换信息，则应使相应的中断允许触发器置 1。表 6.10 列出了中断允许触发器与控制位对照表。使这些控制位置 0/置 1，也就完成了对相应中断允许触发器的置 0/置 1。假设 A 口已经预置为方式 1 输入，则：

执行 MOV 控制口地址，00001000B；使 INTE A 置 0，禁止 A 口中断。

执行 MOV 控制口地址，00001001B；使 INTE A 置 1，允许 A 口中断。

表 6.10　中断允许触发器与控制位对照表

控制位 \ 方式 / 中断允许触发器	A 口方式 1		B 口方式 1		A 口方式 2	
	输入	输出	输入	输出	输入	输出
INTE A	PC4	PC6				
INTE B			PC2	PC2		
INTE 1						PC6
INTE 2					PC4	

2. 实验原理

8255A并口模块原理图如图6.20所示。

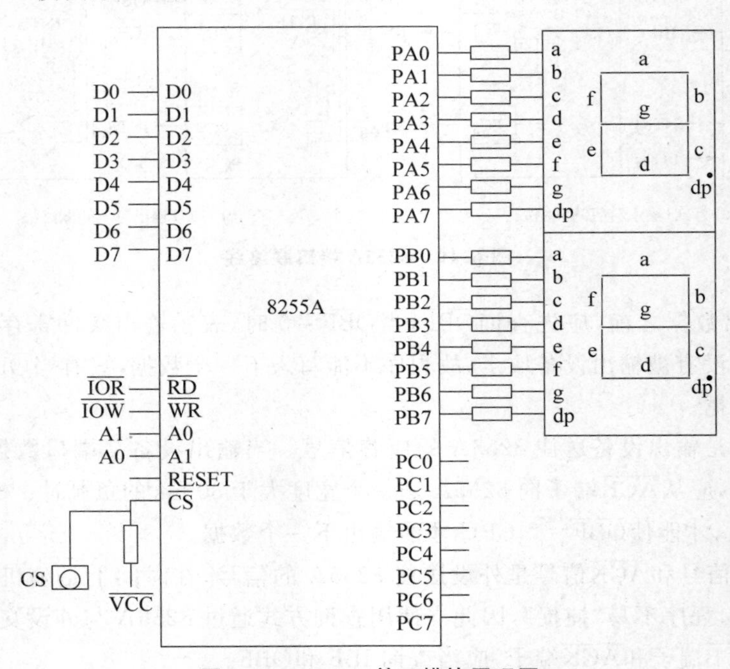

图6.20 8255A并口模块原理图

3. 实验目的和要求

掌握8255A的结构、工作原理、工作方式、初始化及应用编程；掌握8位、16位和32位数据传输的方法。

4. 实验示例

【例6.4】 8255A方式1(选通方式)程序设计实验。

【实验设备】

8255A并行接口模块。

【硬件连线】

将8255A端口A的PA7～PA0与8个发光二极管L7～L0连接，PB2～PB0与拨动开关的K2～K0连接，8255A的CS与I/O地址译码区的210H～21FH连接，PC2($\overline{STB}$)与单脉冲的负脉冲端连接。先预置开关K2～K0为一组输入状态，然后按下单脉冲按键产生一个负脉冲，输入到PC2。用发光二极管LEDi亮，显示K2～K0的状态。

要求：

K2～K0＝000时，LED0亮；K2～K0＝001时，LED1亮；

K2～K0＝010时，LED2亮；K2～K0＝011时，LED3亮；

K2～K0＝100时，LED4亮；K2～K0＝101时，LED5亮；

K2～K0＝110 时，LED6 亮；K2～K0＝111 时，LED7 亮。

【实验步骤】

（1）图 6.21 中虚线部分是实验时需要使用实验导线连接。

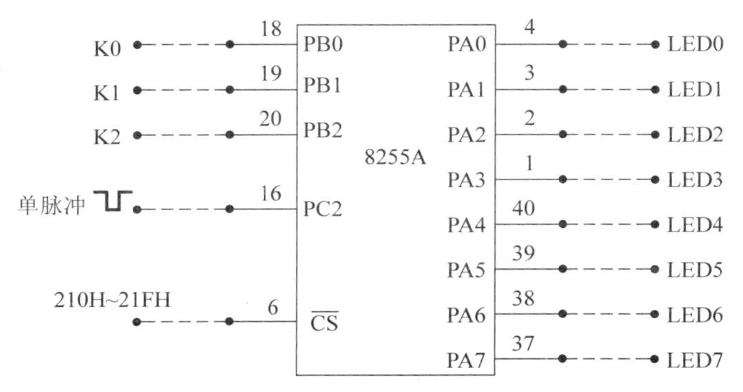

图 6.21　例 6.4 的实验原理图

（2）在 TPC-486EM 集成开发环境下输入程序，编译、链接，生成.exe 执行文件。

（3）在执行程序后先预置开关 K2～K0 为一组输入状态，然后按下单脉冲按键产生一个负脉冲，输入到 PC2。用发光二极管 LEDi 亮，显示 K2～K0 的状态。

【程序流程图】

程序框图如图 6.22 所示。

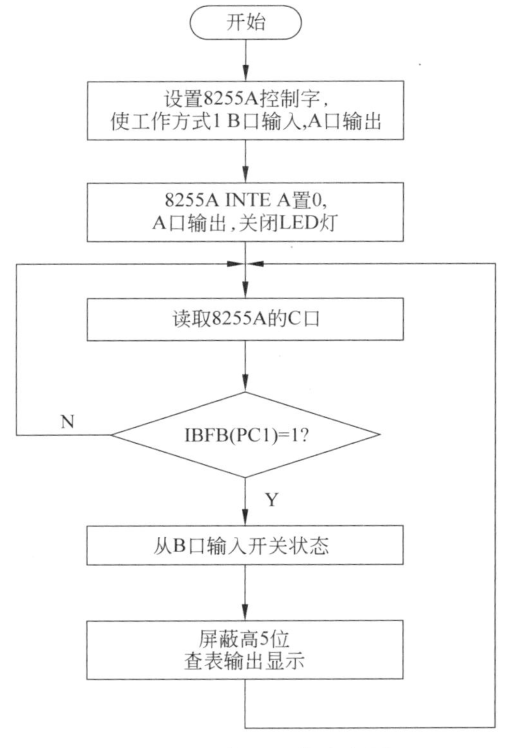

图 6.22　例 6.4 的流程图

【参考程序】

```
.MODEL SMALL
.486
DATA  SEGMENT
I8255A_CS EQU 210H
TAB DB 01H,02,04H,08H,10H,20H,40H,80H
DATA ENDS
CODE    SEGMENT
        ASSUME CS:CODE,DS:DATA
START:  MOV AX,DATA             ;设数据段寄存器的值
        MOV DS,AX
        MOV DX,I8255A_CS+3      ;设置 8255A 工作在方式 1,A 口输出,B 口输入
        MOV AL,0AEH
        OUT DX,AL
        MOV AL,04H
        OUT DX,AL
LL:     MOV DX,I8255A_CS+2      ;读 8255A 的 C 口
SS1:    IN AL,DX
        TEST AL,00000010B; PC1=1?
        JZ SS1; NO
        MOV DX,I8255A_CS+1      ;读 8255A 的 B 口
        IN AL,DX
        AND AL,07               ;屏蔽高 5 位
        MOV BX,OFFSET TAB
        XLAT TAB                ;查表
        MOV DX,I8255A_CS        ;表项输出 A 口
        OUT DX,AL
        JMP LL                  ;无条件转移到 LL 处
CODE ENDS
        END START
```

5. 实验项目

【实验 6.15】 数码管闪烁显示。

实验设备:

8255A 并行接口模块。

双色数码管显示模块。

实验要求:

完成相应的硬件连线并编写程序,通过 8255A 控制在双色数码管上闪烁显示字符'1'。

【实验 6.16】 2 位数码管交替显示。

实验设备:

8255A 并行接口模块。

双色数码管显示模块。

实验要求:

完成相应的硬件连线并编写程序,通过8255A控制在第一个和第二个双色数码管上交替显示字符'1'和'2'。

【实验6.17】 数码管的学号显示。

实验设备:

8255A并行接口模块。

双色数码管显示模块。

实验要求:

完成相应的硬件连线并编写程序,通过8255A控制双色数码管,显示学生的学号。

【实验6.18】 模拟交通路灯的管理。

实验设备:

8255A并行接口模块。

双色数码管显示模块。

实验要求:

完成相应的硬件连线并编写程序,通过8255A控制双色数码管,以模拟交通路灯的管理。

编程提示:

(1) 要完成本实验,首先必须了解交通路灯的燃灭规律。设有一个十字路口,1、3为南北方向,2、4为东西方向。1、3路口的绿灯亮,2、4路口的红灯亮,1、3路口方向通车。延迟一段时间后,1、3路口的绿灯熄灭,而1、3路口的黄灯开始闪烁。闪烁若干次后,1、3路口的红灯亮,而同时2、4路口的绿灯亮,2、4路口方向开始通车。延迟一段时间后,2、4路口的绿灯熄灭,而黄灯开始闪烁。闪烁若干次后,在切换到1、3路口的方向。之后,重复上述过程。

(2) 程序中设定好8255A的工作方式,使3个端口均工作于方式0,并处于输出状态。

6.5 微机接口人机界面交互程序实验

1. 实验说明

微机的常规人机交互设备包括键盘、鼠标器、显示器和打印机等,而每个外部设备与主机系统连接都必须经过各自的接口连接电路。

2. 实验示例

【例6.5】 4×4键盘显示控制接口实验。

【实验设备】

8255A、小键盘、数码管。

【实验步骤】

接线：图 6.23 中虚线为实验所需接线。

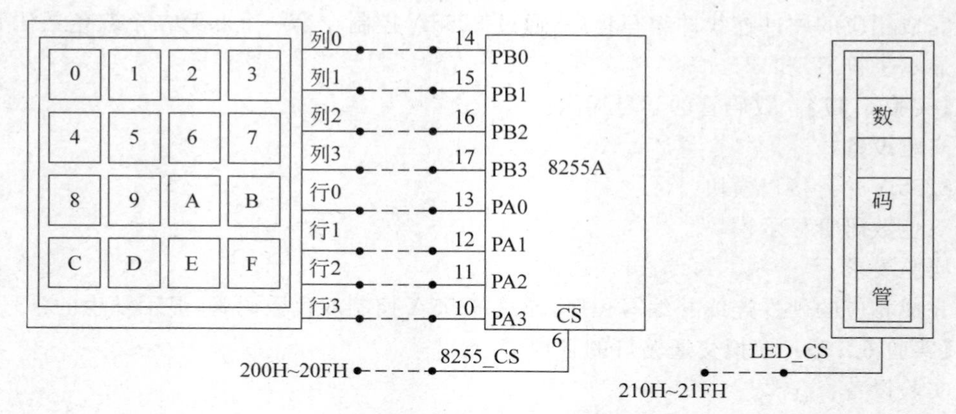

图 6.23 例 6.5 的实验原理图

【程序流程图】

程序框图如图 6.24 所示。

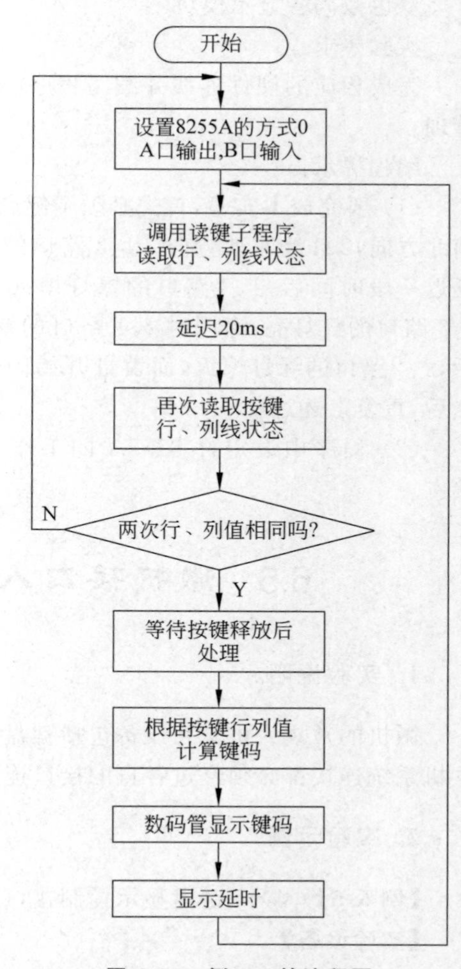

图 6.24 例 6.5 的流程图

【参考程序】

```
        .MODEL SMALL
        .486
DATA    SEGMENT
        I8255A_A EQU 200H
        I8255A_B EQU 201H
        I8255AKZ EQU 203H
        LED_CS EQU 210H
        LEDCODE DB 3FH,06H,5BH,4FH,66H,
                6DH,7DH,07H,
                DB 7FH,67H,77H,7CH,39H,
                5EH,79H,71H
DATA ENDS
CODE SEGMENT
        ASSUME CS:CODE,DS:DATA
START:  MOV AX,DATA
        MOV DS,AX
        MOV DX,I8255AKZ
        MOV AL,82H
        OUT DX,AL          ;输出 8255A 控制字
L1:     CALL READKEY
        MOV BH,AH          ;AH=行线状态
        MOV BL,AL          ;AL=列线状态
        CALL DELAY         ;延时 30ms
        CALL READKEY
```

```
                              ;再判断一次,排除干扰
         CMP BL,AL
         JNZ START
         CMP BH,AH
         JNZ START
         CALL KEYUP           ;等待键释放后再处理
         MOV AX,BX
         CALL CMPOFFSET       ;求得键值
         CALL DISP
         CALL DELAY
         JMP L1
         READKEY PROC
         MOV AH,0FEH
SCAN:    MOV AL,AH
         MOV DX,I8255A_A      ;输出一行线为低
         OUT DX,AL
         IN AL,DX             ;输入列线状态
         OR AL,0F0H           ;高 4 位置 1,低 4 位为列线状态
         CMP AL,0FFH          ;此行有键按下吗?
         JNE EXITKEY          ;有键按下,退出
         ROL AH,1             ;没有键按下,检查下一行
         JMP SCAN
EXITKEY: RET
         READKEY ENDP
DELAY    PROC
         PUSH CX
         MOV CX,8000H         ;延时
         DELAY1: LOOP DELAY1
         POP CX
         RET
DELAY    ENDP
KEYUP    PROC
NOUP:    MOV AL,AH
         MOV DX,I8255A_A
         OUT DX,AL            ;输出行线
         MOV DX,I8255A_B
         IN AL,DX             ;读入列线
         OR AL,0F0H
         CMP AL,0FFH          ;按键释放了吗?
         JE EXIT              ;按键已释放,退出
         JMP NOUP
EXIT:    RET
         KEYUP ENDP
CMPOFFSET PROC
```

```
        NOT AH                  ;行值取反
        NOT AL                  ;列值取反
        MOV BH,00H
        MOV BL,00H
KK:     SHR AH,1
        JC NEXT1
        ADD BH,4H               ;一行 4 列
        JMP KK
NEXT1:  SHR AL,1
        JC NEXT2
        ADD BL,1                ;列号加 1
        JMP NEXT1
NEXT2:  ADD BH,BL               ;求得键值
        MOV AL,BH
        CMPEXIT: RET
        CMPOFFSET ENDP
DISP    PROC
        PUSH BX
        PUSH DX
        MOV BX,OFFSET LEDCODE
        MOV AH,0
        ADD BX,AX
        MOV AL,[BX]
        MOV DX,LED_CS           ;段选
        OUT DX,AL
        MOV AL,01H              ;位选
        INC DX
        OUT DX,AL
        POP DX
        POP BX
        RET
DISP    ENDP
CODE    ENDS
        END START
```

【例 6.6】 数码管动态显示接口实验。

【实验目的】

掌握数码管动态显示数字的原理。

【实验设备】

8255A 和数码管。

【实验内容】

(1) 编程在数码管上循环显示 00～99。

(2) 实验台上的七段数码管为共阴型，七段数码管的字型代码如图 6.25 所示。

显示字形	g	e	f	d	c	b	a	段码
0	0	1	1	1	1	1	1	3fh
1	0	0	0	0	1	1	0	06h
2	1	0	1	1	0	1	1	5bh
3	1	0	0	1	1	1	1	4fh
4	1	1	0	0	1	1	0	66h
5	1	1	0	1	1	0	1	6dh
6	1	1	1	1	1	0	1	7dh
7	0	0	0	0	1	1	1	07h
8	1	1	1	1	1	1	1	7fh
9	1	1	0	1	1	1	1	6fh

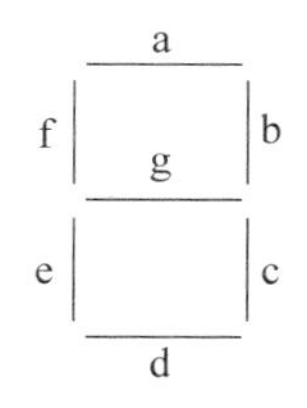

图 6.25 七段数码管字型代码

【实验步骤】

接线：图 6.26 中虚线为实验所需接线。

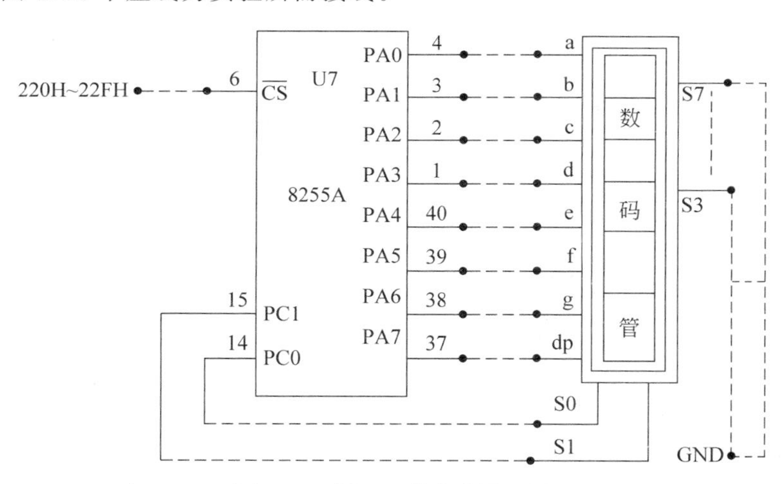

图 6.26 例 6.6 的实验原理图

【程序流程图】

程序框图如图 6.27 所示。

【参考程序】

```
.MODEL   SMALL
.386
DATA     SEGMENT
         I8255A EQU 210H
         I8255AC EQU 212H
         I8255AK EQU 213H
         LEDCODE DB 3FH,06H,5BH,4FH,66H,6DH,7DH,07H,7FH,6FH    ;LED 段码表
         BUFFER1 DB 0,0                  ;存放显示十位和个位
         BZ DW ?                         ;位码
DATA     ENDS
```

```
CODE    SEGMENT
        ASSUME CS:CODE,DS:DATA
START:  MOV AX,DATA                         ;设置数据段寄存器的值
        MOV DS,AX
        MOV DX,I8255AK                      ;设置 8255A 3 个端口工作在方式 0,输出
        MOV AL,80H
        OUT DX,AL                           ;写入 8255A 控制寄存器
        MOV DI,OFFSET BUFFER1               ;设显示缓冲区
LOOP1:  MOV CX,0300H                        ;循环次数
LOOP2:  MOV BH,02
LLL:    MOV BYTE PTR BZ,BH
        PUSH DI
        DEC DI
        ADD DI,BZ
        MOV BL,[DI]                         ;BL 为要显示的数
        POP DI
        MOV BH,0
        MOV SI,OFFSET LEDCODE               ;置 LED 数码表偏移地址为 SI
        ADD SI,BX                           ;求出对应的 LED 数码
        MOV AL,BYTE PTR [SI]
        MOV DX,I8255A                       ;自 8255A 口输出
        OUT DX,AL
        MOV AL,BYTE PTR BZ                  ;使相应的数码管亮
        MOV DX,I8255AC
        OUT DX,AL
        PUSH CX
        MOV CX,100
DELAY:  LOOP DELAY                          ;延时
        POP CX
        MOV BH,BYTE PTR BZ
        SHR BH,1
        JNZ LLL
        LOOP LOOP2
        MOV AX,WORD PTR [DI]
        CMP AH,09
        JNZ SET
        CMP AL,09
        JNZ SET
        MOV AX,0000
        MOV [DI],AL                         ;AL 中为十位
        MOV [DI+1],AH                       ;AL 中为个位
        JMP LOOP1
SET:    MOV AX,WORD PTR [DI]
```

```
        INC AL
        AAA
        MOV [DI],AL                 ;AL 中为十位
        MOV [DI+1],AH               ;AL 中为个位
        JMP LOOP1
CODE    ENDS
        END STAR
```

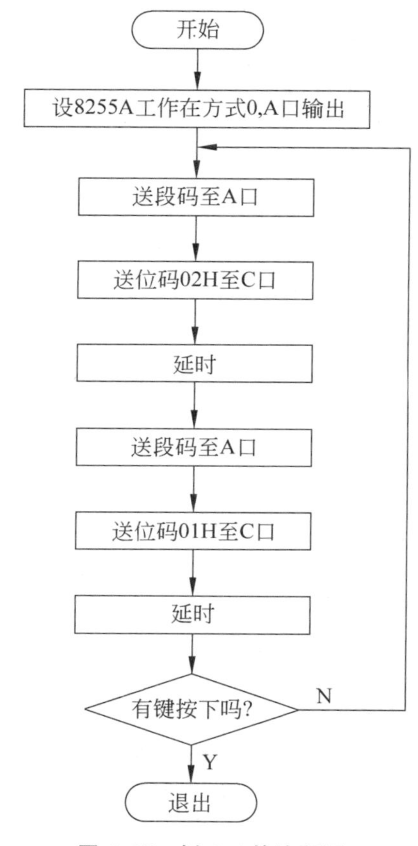

图 6.27　例 6.6 的流程图

【例 6.7】 128×64 LCD 显示接口实验。

【实验目的】

掌握 LCD 图形显示模块接口方法，掌握 LCD 显示模块显示汉字与字符的编程方法。

【实验内容】

实验系统 LCD 字符图形液晶为 ST7920A 控制器。

编程显示汉字字符串“清华大学微机接口，------TPC-4.8.6”。

【实验步骤】

接线：图 6.28 中虚线为实验所需接线。

【程序流程图步骤】

例 6.7 的流程图如图 6.29 所示。

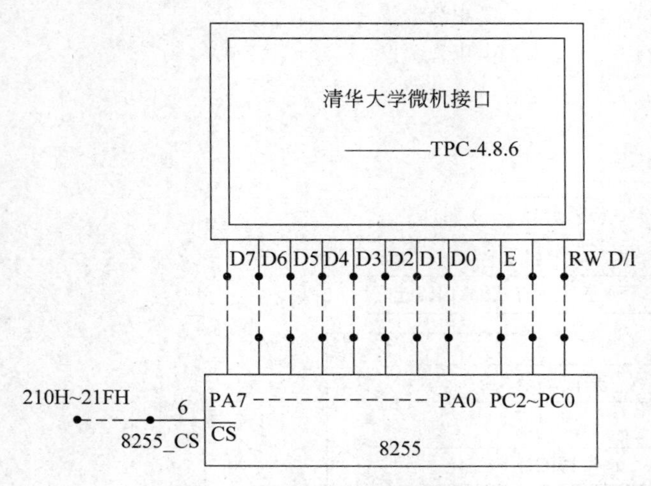

图 6.28 例 6.7 实验原理图

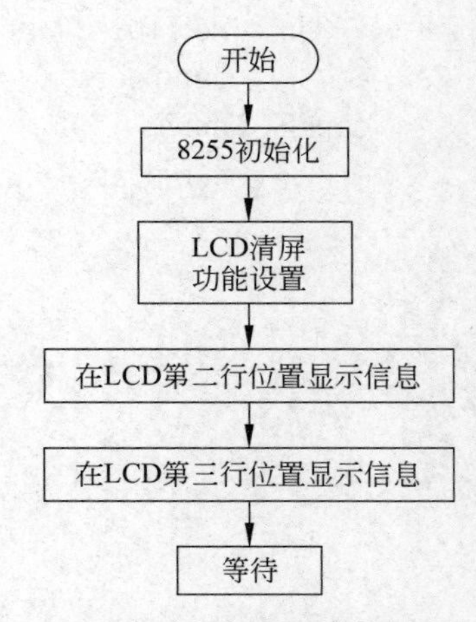

图 6.29 例 6.7 的流程图

【参考程序】

```
.MODEL SMALL
.486
DATA      SEGMENT
          I8255A EQU 210H
          I8255C EQU 212H
          I8255K EQU 213H
          HZ_TAB DW 0C7E5H,0BBAAH,0B4F3H,0D1A7H,
                 DW 0CEA2H,0BBFAH,0BDD3H,0BFDAH
                 DW 0A3ADH,0A3D4H,0A3D0H,0A3C3H
                 DW 0A3ADH,0A2B4H,0A2B8H,0A2B6H
          HZ_ADR DB ?                   ;存放显示行起始端口地址
DATA      ENDS
CODE      SEGMENT
          ASSUME CS:CODE,DS:DATA
START:    MOV DX,I8255AK                ;设 8255A 工作在方式 0,K 口输出
          MOV AL,80H
          OUT DX,AL                     ;写入 8255A 控制寄存器
          CALL CLEAR                    ;LCD 清除
          LEA BX,HZ_TAB
          MOV CH,2                      ;显示第 2 行信息
          CALL LCD_DISP
          LEA BX,HZ_TAB
          MOV CH,3                      ;显示第 3 行信息
          CALL LCD_DISP
```

```
LL:        JMP LL
           CLEAR PROC
           MOV AL,0CH
           MOV DX,I8255A
           OUT DX,AL                    ;设置 CLEAR 命令
           CALL CMD_SETUP               ;启动 LCD 执行命令
           RET
           CLEAR ENDP
FUNCUP     PROC
           MOV AL,34H                   ;LCD 显示状态命令
           OUT DX,AL
           CALL CMD_SETUP
           RET
FUNCUP     ENDP
LCD_DISP PROC
           LEA BX,HZ_TAB
           CMP CH,2
           JZ DISP_SEC
           MOV BYTE PTR HZ_ADR, 88H     ;第三行起始端口地址
           ADD BX,16                    ;指向第二行信息
           JMP NEXT
           DISP_SEC: MOV BYTE PTR HZ_ADR,90H
NEXT:      MOV CL,8
CONTINUE: PUSH CX
           MOV AL,HZ_ADR
           MOV DX,I8255A
           OUT DX,AL
           CALL CMD_SETUP               ;设定 DDRAM 地址命令
           MOV AX,[BX]
           PUSH AX
           MOV AL,AH                    ;先送汉字编码高位
           MOV DX,I8255A
           OUT DX,AL
           CALL DATA_SETUP              ;输出汉字编码高字节
           CALL DELAY                   ;延迟
           POP AX
           MOV DX,I8255A
           OUT DX,AL
           CALL DATA_SETUP              ;输出汉字编码低字节
           CALL DELAY
           INC BX
           INC BX                       ;修改显示内码缓冲区指针
           INC BYTE PTR HZ_ADR          ;修改 LCD 显示端口地址
```

```
            POP CX
            DEC CL
            JNZ CONTINUE
            RET
LCD_DISP ENDP
            CMD_SETUP PROC
            MOV DX,I8255AC              ;指向 8255A 端口控制端口
            MOV AL,00000000B            ;PC1 置 0,PC0 置 0(LCD I 端=0,W 端=0)
            OUT DX,AL
            NOP
            CALL DELAY
            NOP
            MOV AL,00000100B            ;PC2 置 1(LCD E 端=1)
            OUT DX,AL
            NOP
            CALL DELAY
            MOV AL,00000000B            ;PC2 置 0(LCD E 端置 0)
            OUT DX,AL
            CALL DELAY
            RET
CMD_SETUP ENDP
DATA_SETUP PROC
            MOV DX,I8255AC              ;指向 8255A 控制端口
            MOV AL,00000001B            ;PC1 置 0,PC0=1 (LCD I 端=1)
            OUT DX,AL
            NOP
            CALL DELAY
            MOV AL,00000101B            ;PC2 置 1 (LCD E 端=1)
            OUT DX,AL
            NOP
            CALL DELAY
            MOV AL,00000001B            ;PC2 置 0(LCD E 端=0)
            OUT DX,AL
            NOP
            CALL DELAY
            RET
DATA_SETUP ENDP
DELAY PROC
            PUSH CX
            PUSH DX
            MOV CX,0FFFH
X1:         LOOP X1
            POP DX
```

```
            POP CX
            RET
DELAY       ENDP
CODE        ENDS
            END START
```

6.6 D/A 转换实验

1. 实验说明

本实验中使用的核心器件是 DAC0832。

1）D/A 转换原理

数/模转换实质上是将每一位代码按其“权”值变换成相应的模拟量，然后将代表各位的模拟量相加，从而获得与数字量成比例的模拟量，这样就完成了数字-模拟的转换，简称 D/A 转换。

2）DAC0832 器件使用要点

DAC0832 是电流型的 D/A 转换器，它的内部有一个 T 形电阻网络，用来实现 D/A 转换。DAC0832 的模拟量是以电流方式输出，因此需外加电路，才能得到模拟电压输出，实验电路中以一运算放大器 OP07 实现电压输出。在 DAC0832 内部有两极锁存器，即它可以工作在双缓冲工作方式也可以工作在单缓冲工作方式。因此 DAC0832 有 3 种工作方式。

（1）双缓冲方式。

通常采用的接线方式为：ILE 固定接+5V，CPU 的 IOW 信号复连到 WR1 和 WR2，用 CS 作为输入寄存器的“片选”信号，XFER 作为 DAC 寄存器的“片选”信号，接到 I/O 口地址译码输出。数据写入时分两次进行，第一次对输入寄存器写入待转换的数字量，第二次针对 DAC 寄存器执行一次写操作，第二次的写操作只是一次“虚拟写操作”，写入什么数据是无关紧要的，目的只是为了启动 DAC 寄存器的锁存功能。双缓冲方式的优点是：在 D/A 转换的同时，可接收下一个待转换数据。

（2）单缓冲方式。

采用单缓冲方式是令两个寄存器中的一个处于直通状态，例如，把 WR2、XFER 接地（数字信号地），使 DAC 寄存器处于直通状态，ILE 接+5V，WR1 接 CPU 的 IOW，CS 接 I/O 口地址译码器。只针对 CS 端进行一次写入操作，数据写入后即开始 D/A 转换。

（3）直通方式。

当 ILE 接+5V，CS、WR1、WR2、XFER 都接地（数字信号地），此时 DAC0832 处于直通方式，输入端 DI7～DI0 一旦出现数字信号就立即进行 D/A 转换，由于输入不使用缓冲寄存器，所以不能和计算机系统的数据线相连。

DAC0832 在本实验系统中只使用了双缓冲方式和单缓冲方式，而方式的转换是通过将 WR2 接地或接地址译码的输出信号实现。在单缓冲方式下，将 WR2 接到地线，进行一次写就可以了。在双缓冲方式下，只需要将 WR2 接地址译码的输出信号，再进行一次虚写。

2. 实验原理

D/A 转换电路原理图如图 6.30 所示。

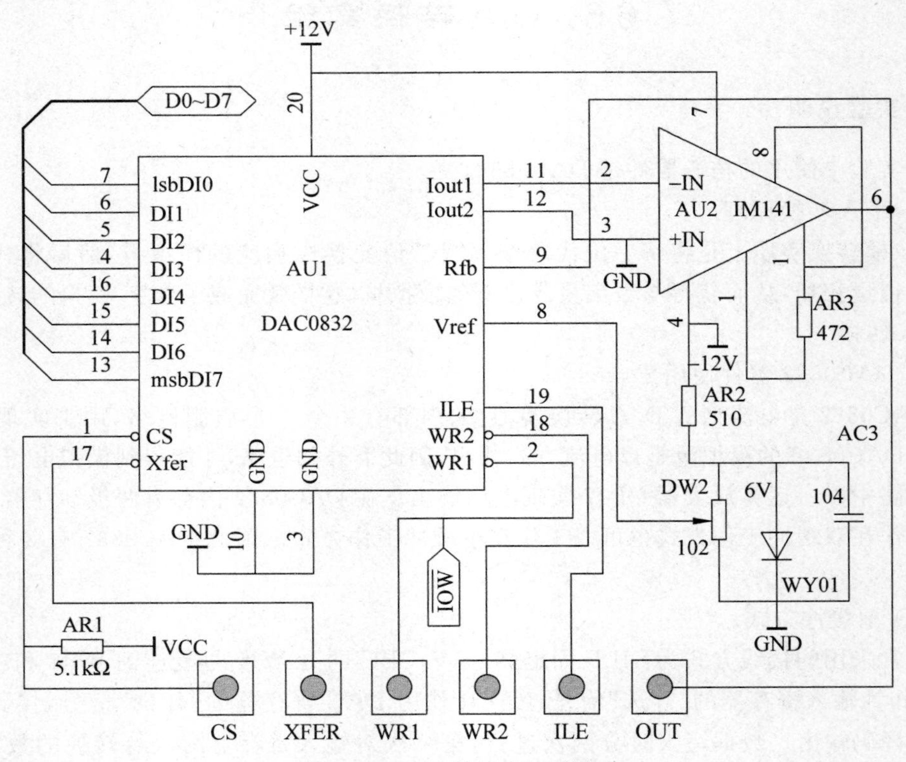

图 6.30 D/A 转换电路原理图

3. 实验目的和要求

掌握 D/A 转换电路的工作原理，DAC0832 芯片的使用和编程。

4. 实验示例

【例 6.8】 编程实现数/模转换，使 DAC0832 OUT 端子产生锯齿波波形，用示波器监视该波形。

【实验设备】

D/A 转换模块。

示波器。

【硬件连线】

例 6.8 的实验原理图如图 6.31 所示。

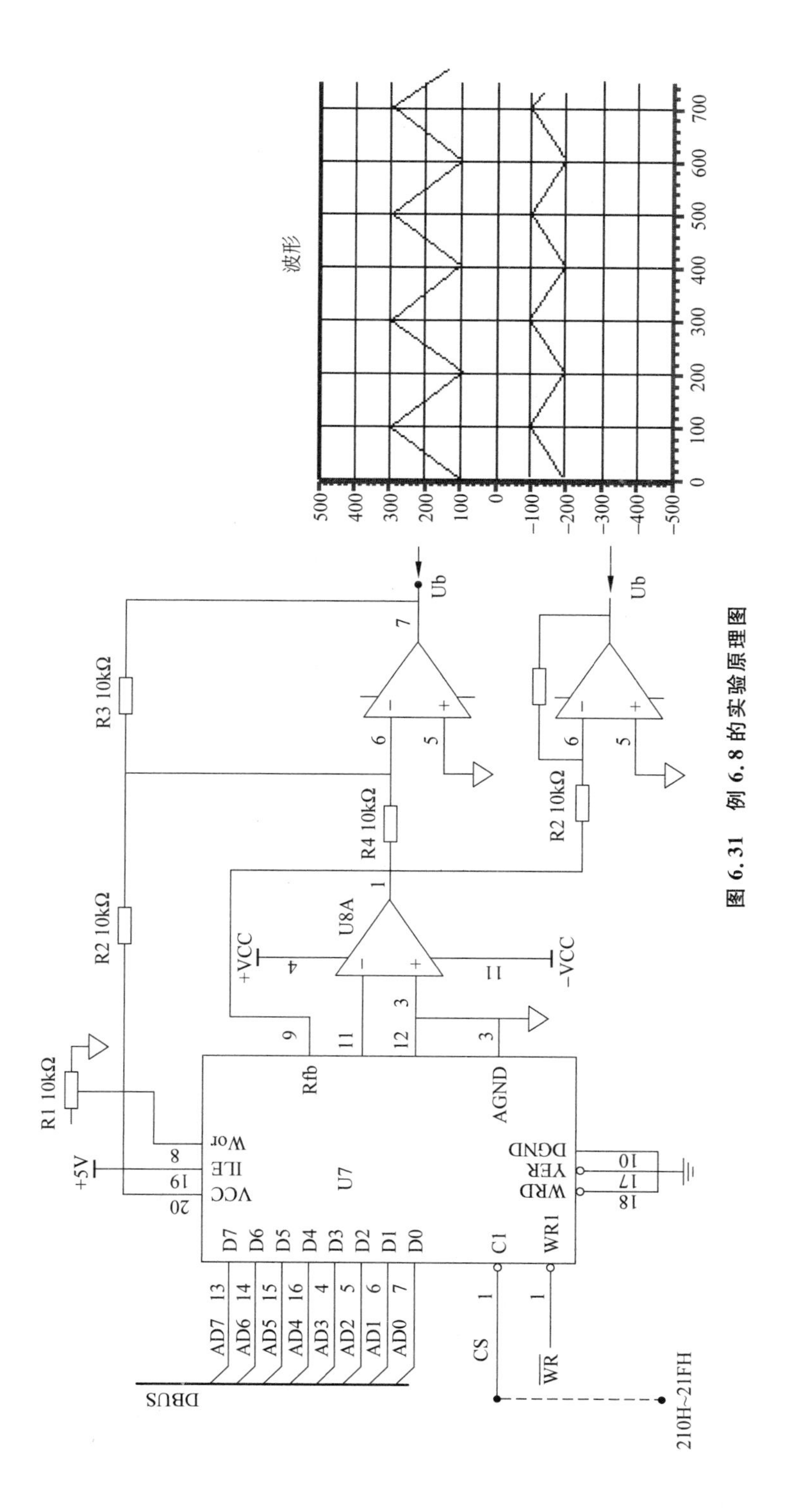

图 6.31 例 6.8 的实验原理图

【程序流程图】

程序流程图如图 6.32 所示。

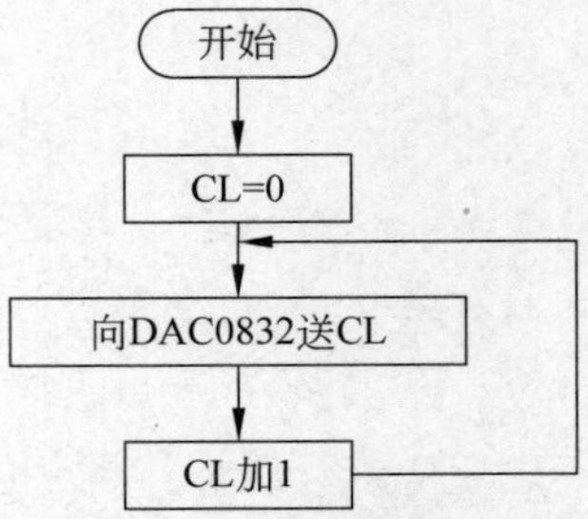

开始

CL=0

向DAC0832送CL

CL加1

图 6.32 例 6.8 的流程图

【程序清单】

```
.MODEL SMALL
.486
DATA   SEGMENT
       I0832_CS EQU 210H
       DATA ENDS
CODE   SEGMENT
       ASSUME CS:CODE
START:MOV CL,0
       MOV DX,I0832_CS
LLL:   MOV AL,CL
       OUT DX,AL
       ADD CL,10
       JMP LLL                  ;若无则转向 LLL
       MOV AX,4C00H             ;返回
       INT 21H
CODE   ENDS
       END START
```

5. 实验项目

【实验 6.19】 数模转换产生三角波。

实验设备：

D/A 转换模块。

示波器。

实验要求：

完成相应的硬件连线，编写程序，使 DAC0832 工作在单缓冲方式下，产生三角波波形。

【实验 6.20】 数模转换产生正弦波。

实验设备：

D/A 转换模块。

示波器。

实验要求：

完成相应的硬件连线，编写程序，使 DAC0832 工作在双缓冲方式下，产生正弦波波形。

6.7 A/D 转换实验

1. 实验说明

本实验中使用的核心器件是 ADC0809。

1）A/D 转换原理

ADC0809 是逐次逼近式 A/D 转换芯片。逐次逼近式 A/D 转换器是一种转换速度较快、转换精度较高的转换器。它们被广泛地应用于中高速数据采集系统、在线自动检测系统、动态测控系统等领域中。它是用一系列的基准电压同要转换的电压进行比较，逐位确定转换成的各位数是 1 还是 0，确定次序是从高位到低位进行。

2）ADC0809 芯片使用要点

ADC0809 芯片可以完成 8 路模拟量→数字量的转换，内部配有地址译码电路，通过地址线 ADDC、ADDB、ADDA 和地址锁存信号 ALE，选通 IN0～IN7 8 路中模拟量之一。内部采用逐次逼近的 A/D 转换原理，转换后的 8 位数字量通过三态缓冲器输出。一次模拟量的转换时间为 100μs，转换结束后从 EOC 端输出转换结束信号。如果 ADC0809 用于微处理器系统，EOC 信号可作为 CPU 的中断请求信号。

2. 实验原理

A/D 转换电路原理图如图 6.33 所示。

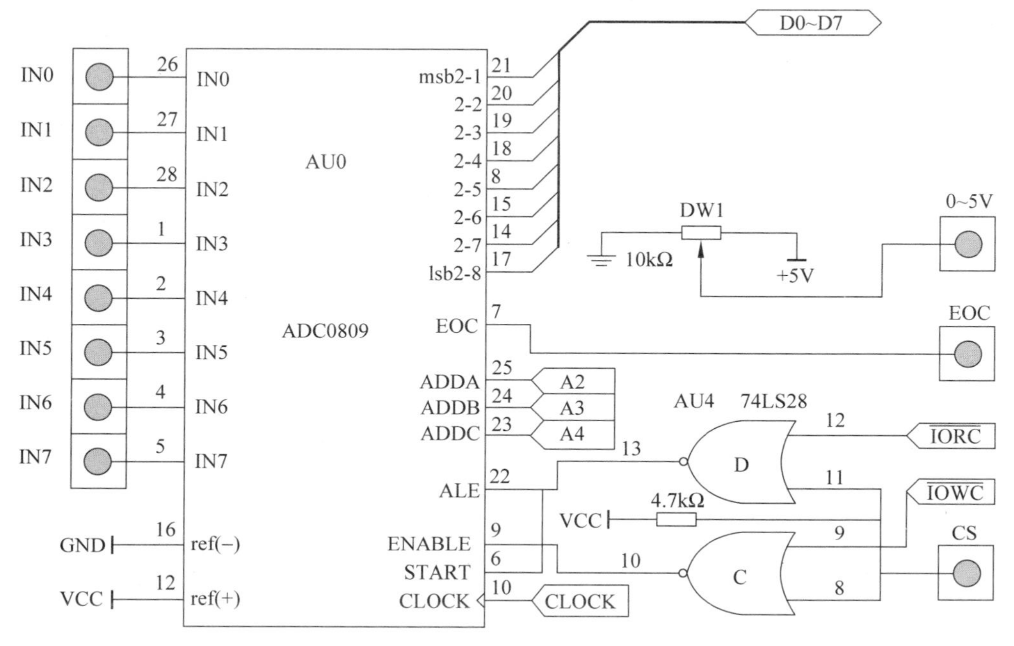

图 6.33 A/D 转换电路原理图

3. 实验目的和要求

掌握 A/D 转换电路的工作原理，ADC0809 芯片的使用方法。

4. 实验示例

【例 6.9】 模/数转换器 0809(查询方式)实验。

【实验内容】

(1) 通过实验台左下角电位器 RW1 输出 0～5V 直流电压送入 ADC0809 通道 0(IN0)，利用输出指令启动 A/D 转换器，输入指令读取转换结果，验证输入电压与转换后数字的关系。

(2) 编程采集 IN0 输入的电压，在七段数码管上显示出转换后的数据(用十六进制数)。

【硬件连线】

例 6.9 的实验原理图如图 6.34 所示。

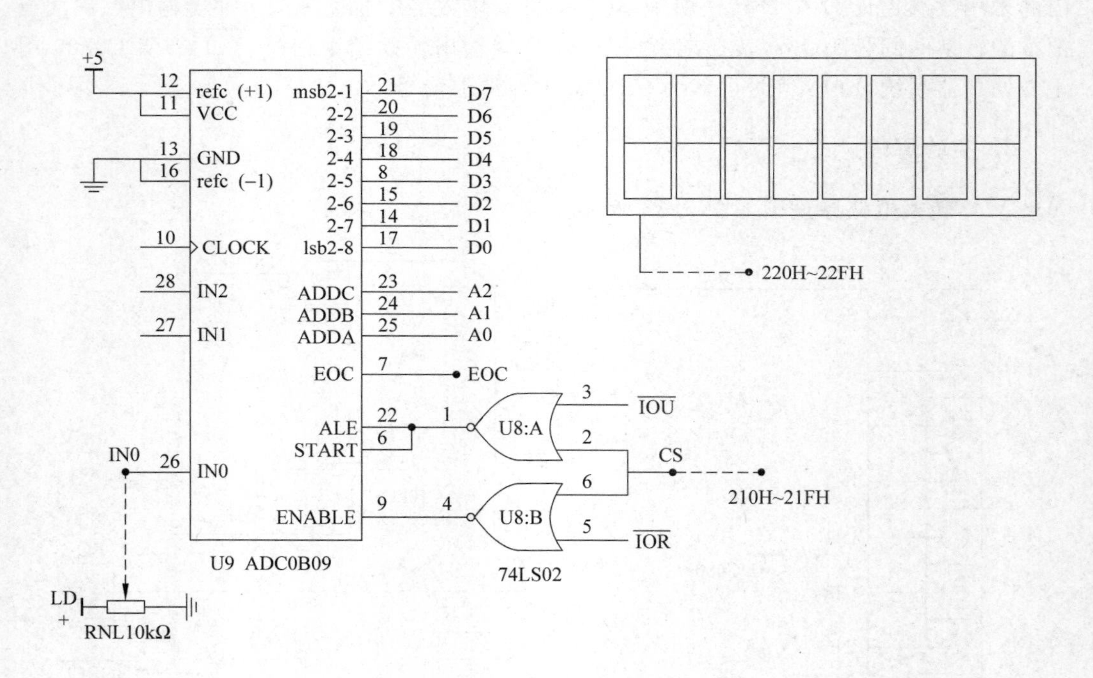

图 6.34 例 6.9 的实验原理图

【实验提示】

(1) ADC0809 的 IN0 口地址为 210H，IN1 口地址为 211H。

(2) IN0 单极性输入电压与转换后数字的关系为

$$N = \frac{U_i}{U_{\text{REF}}/256}$$

其中，U_i 为输入电压，U_{REF} 为参考电压，这里的参考电压为可调电位器调节出的电压，为了便于编程出厂时参考电压为+12V。

【程序流程图】

程序流程图如图 6.35 所示。

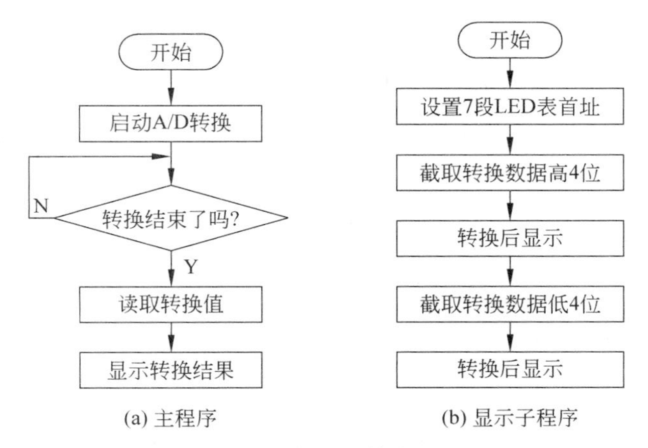

(a) 主程序　　(b) 显示子程序

图 6.35　例 6.9 的流程图

【程序清单】

```
.MODEL SMALL
.486
DATA    SEGMENT
        AD_CS EQU 210h
        LED_CS EQU 220H
        LEDCODE DB 3FH,06H,5BH,4FH,66H,6DH,7DH,
                DB 07H,7FH,67H,77H,7CH,39H,5EH,79H,71H;
DATA    ENDS
CODE    SEGMENT
        ASSUME CS: CODE,DS:DATA
START:  MOV AX,DATA
        MOV DS,AX
RPT:    MOV DX,AD_CS                    ;ADC 启动转换地址
        OUT DX,AL
L1:     IN AL,DX
        MOV DX,AD_CS                    ;读数据地址
        INC DX
        IN AL,DX
        CALL DISP                       ;显示数据
        JMP RPT
DISP    PROC
        MOV SI,OFFSET LEDCODE
        MOV BX,SI
        MOV CH,AL
```

```
        MOV CL,4
        ROR AL,CL                       ;截取 AL 高 4 位并转换
        AND AL,0FH
        MOV AH,0
        ADD BX,AX
        MOV AL,[BX]                     ;获取 LED 显示编码
        MOV DX,LED_CS
        OUT DX,AL
        MOV AL,02H
        INC DX
        NOP
        OUT DX,AL                       ;显示
        CALL DELAY
        MOV AL,CH
        AND AL,0FH                      ;截取低 4 位,并转换
        MOV AH,0
        ADD SI,AX
        MOV AL,[SI]
        MOV DX,LED_CS
        OUT DX,AL
        MOV AL,01H
        INC DX
        OUT DX,AL                       ;显示
        CALL DELAY
        RET
DISP    ENDP
DELAY   PROC
        PUSH CX
        MOV CX,50H
X1:     LOOP X1
        POP CX
        RET
DELAY   ENDP
CODE    ENDS
        END START
```

5. 实验项目

【实验 6.21】 单路模数转换实验。

实验设备：

A/D 转换模块。

实验要求：

将 ADC0809 的一路模拟量输入，接至波形发生电路输出，实现一路模拟量转换成数字量，随意调节波形发生电路电位器，通过上位机软件查看转换结果。

【实验 6.22】 多路模数转换实验。

实验设备：

A/D 转换模块。

8255A 并行接口模块。

双色数码管显示模块。

实验要求：

将 ADC0809 的一路模拟量输入，接至波形发生器；另一路模拟量输入，直接接至电位器，实现双路模拟量转换成数字量，并将转换后的结果显示在数码管。

【实验 6.23】 A/D 和 D/A 同时转换。

实验设备：

A/D 转换模块。

示波器。

实验要求：

将 A/D 的输出接至 D/A 的输入，编程实现 A/D、D/A 同时进行转换，通过双踪示波器观察输入和输出波形。

6.8 存储器扩充实验

1. 实验说明

微处理器内具有存储管理功能。32 位微处理器有 32 根数据线，它与存储空间和 I/O 空间之间的数据通道可以是 8 位、16 位和 32 位。以不同的数据线宽度访问外部时，微处理器主要根据外部提供的 BS8 和 BS16 信号，区分 3 种数据线宽度。表 6.11 给出了 BE0、BE1、BE2 和 BE3 为不同值时所对应的数据线。

表 6.11 数据线宽度表

BE3	BE2	BE1	BE0	BS8＝BS16＝1	BS8＝0	BS8＝1 BS16＝0
1	1	1	0	D7～D0	D7～D0	D7～D0
1	1	0	0	D15～D0	D7～D0	D15～D0
1	0	0	0	D23～D0	D7～D0	D15～D0
0	0	0	0	D31～D0	D7～D0	D15～D0
1	1	0	1	D15～D8	D15～D8	D15～D8
1	0	0	1	D23～D8	D15～D8	D15～D8
0	0	0	1	D31～D8	D15～D8	D15～D8
1	0	1	1	D23～D16	D23～D16	D23～D16
0	0	1	1	D31～D16	D23～D16	D31～D16
0	1	1	1	D31～D24	D31～D24	D31～D24

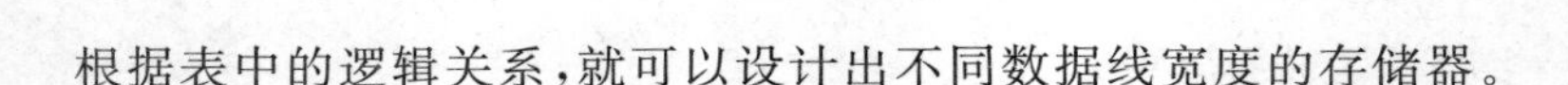

根据表中的逻辑关系，就可以设计出不同数据线宽度的存储器。

2. 实验原理

32 位存储器扩充的原理如图 6.36 所示，由 4 片 8K×8b 的 SRAM(6264)位扩展组成数据线宽度为 32 位的存储器，其容量为 8K×32b。实验机用一片 GAL16V8 译码得到存储地址范围为 4000:0000～4000:7FFFH。数据线宽度为 32 位的存储器的设计很简单，但需把 BS8 和 BS16 均置为高电平，这已由实验装置实现。

8 位存储器扩充原理如图 6.37 所示。在 80486 微型计算机中，实现数据线宽度为 8 的存储器需要在地址和数据线两方面进行特殊设计。实验机用一片 GAL16V8 译码得到该片 6264 的存储地址范围为 4000:8000～4000:9FFFH，GAL16V8 译码输出同时送给该片 6264 的片选端 $\overline{CS1}$ 以及 80486 CPU 的 BS8 引脚，通知 CPU 是单字节的数据交换；GAL16V8 译码输出信号同时还必须与 BE0～BE3 组成字节交换逻辑，以选通相应的 74HC245 确定哪 8 位数据线与 6264 交换信息。实验装置已经在 GAL 设计出字节交换逻辑（详细内容可参考前面的地址译码部分），并将相应的输出与 4 片 74HC245 的选通端连接好，用户只需要将系统总线信号 BE0、BE1、BE2、BE3 分别连到 GAL 的 4 个输入端（分别是 D8、D16、D24、D32）即可，用它对 4 片 74HC245 进行控制，以实现单字节的数据交换。74HC245 常用来作为数据驱动，它是个三态器件，而且 A、B 两组引脚既可以输入也可以输出，这两个功能是由选通脚 $\overline{G}$ 和方向控制脚 DIR 来控制实现的：当 $\overline{G}=0$，74HC245 被选中，处于工作状态；当 $\overline{G}=1$，74HC245 的输出处于高阻态；当 DIR=1，74HC245 的方向是 A→B；当 DIR=0，74HC245 的方向 B→A。

3. 实验目的和要求

熟悉 8 位和 32 位微型计算机主存储器扩充设计。

4. 实验示例

【例 6.10】 8 位/16 位/32 位存储器读写程序设计实验。

【实验目的】

(1) 熟悉 6264 静态 RAM 的使用方法，掌握 PC 外存扩充的手段。

(2) 通过对硬件电路的分析，学习了解总线的工作时序。

【实验内容】

(1) 编制 8 位存储器读写程序，将字符 A～Z 循环写入扩展的 6264 RAM 中，然后再将 6264 的内容读出来显示在屏幕上。

(2) 编制 16 位和 32 位存储器读写程序，但在运行实验程序之前，需将数据宽度跳线 SEL1 和 SEL2 设置到正确位置，通过修改程序开始 JMP 指令，分别对 16 位/32 位存储器进行读写比较操作，运行 16 位程序在标号 L11 处设置断点，运行 32 位程序在标号 L111 处设置断点；程序运行正确，则核心板上的 LED 灯点亮，通过存储器查看窗口输入“段地址：偏移地址”进行查看。

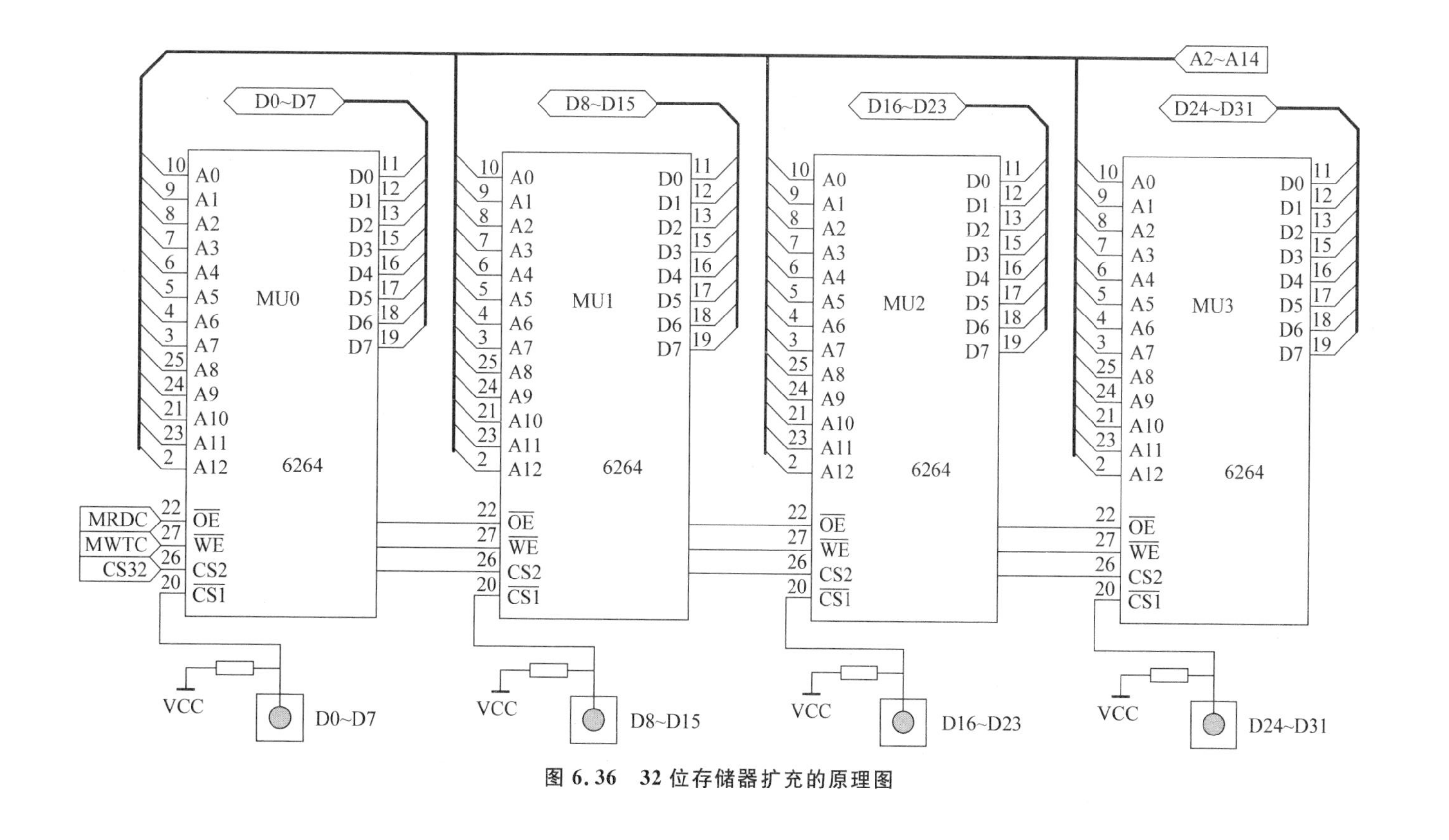

图 6.36 32 位存储器扩充的原理图

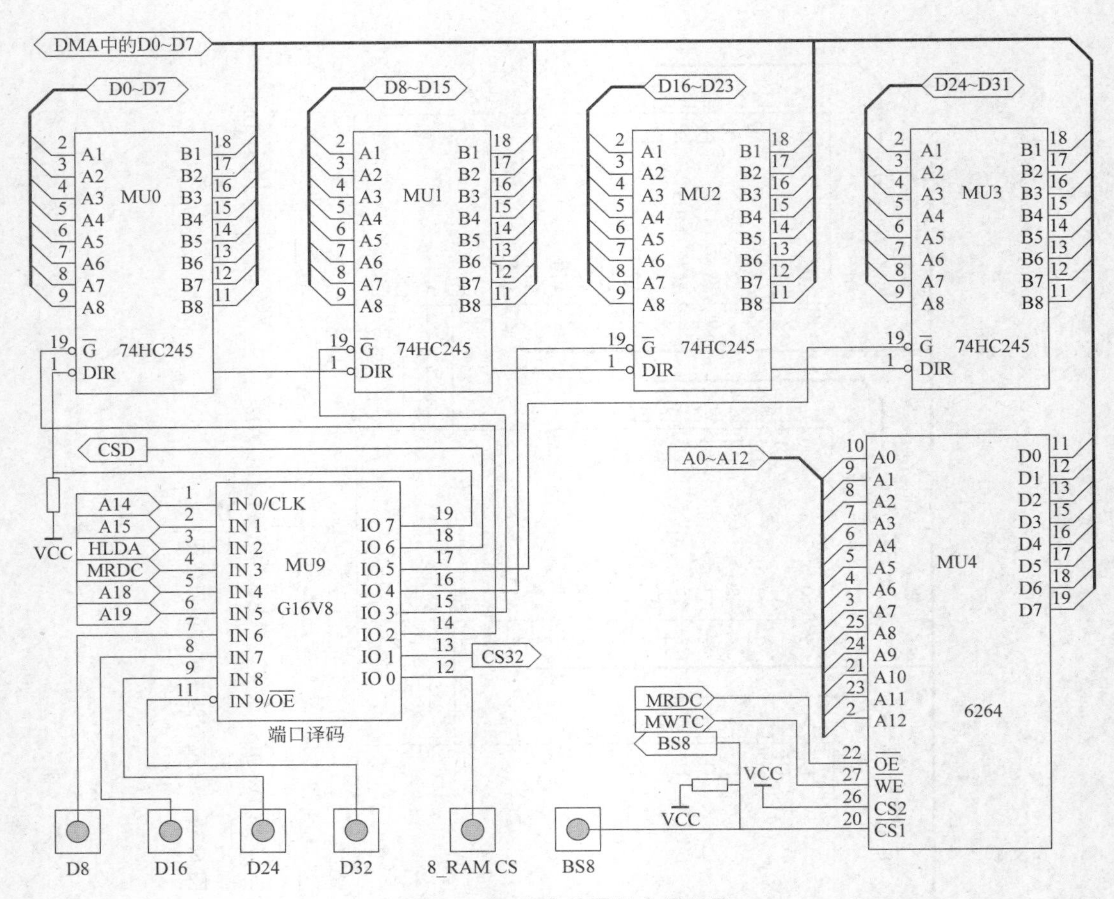

图 6.37　8 位存储器扩充原理图

【实验步骤】

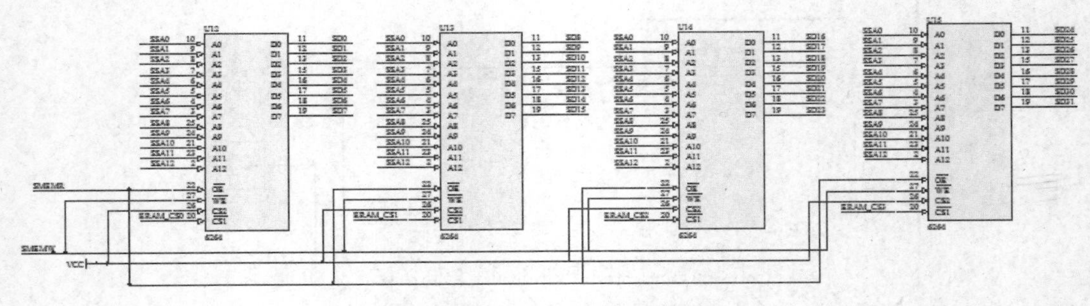

图 6.38　例 6.10 的实验原理图

（1）存储器访问功能及信号状态一览表如表 6.12 所示。

（2）在 TPC-486EM 集成开发环境下输入程序，编译、链接，生成.exe 执行文件。

（3）在程序执行后则核心板上的 LED 灯点亮，通过存储器查看窗口输入“段地址：偏移地址”进行查看。

表 6.12 存储器访问功能及信号状态表

数据宽度	访问地址空间	SRAM 状态	AA12～AA0 地址来源	SEL1	SEL2
8 位	20000H～21FFFH (8KB)	SRAM1 有效，其余三片三态	A12～A0	2-3 短接	2-3 短接
16 位	30000H～33FFFH (16KB)	SRAM1、SRAM2 有效，其余两片三态	A13～A1	2-3 短接	1-2 短接
32 位	40000H～47FFFH (32KB)	四片 SRAM 有效	A14～A2	1-2 短接	任意

【程序流程图】

程序流程图如图 6.39 所示。

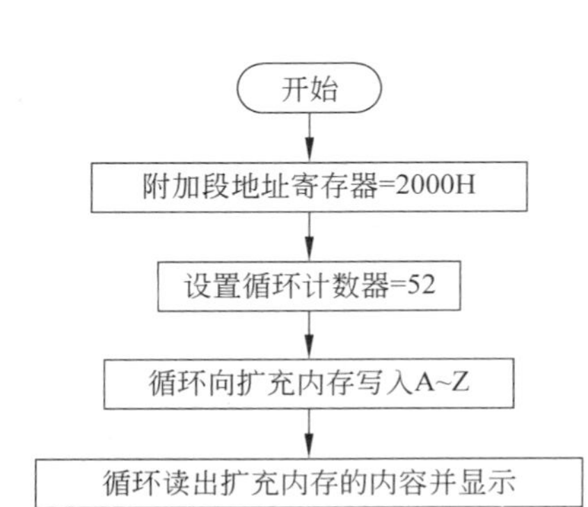

图 6.39 例 6.10 的程序流程图

【程序清单】

(1) 8 位存储器读写程序。

```
.MODEL SMALL
.486
DATA    SEGMENT
DATA    ENDS
CODE    SEGMENT
        ASSUME CS:CODE,DS:DATA,ES:DATA
START:  MOV AX,DATA
        MOV DS,AX
        MOV AX,02000H           ;段寄存器指向内存区域起始地址
        MOV ES,AX
        MOV BX,0000H            ;偏移地址
        MOV CX,52               ;显示字符数
        MOV DL,40H              ;以'A'字符开始显示
REP1:   INC DL
        MOV ES:[BX],DL          ;字符存入内存区域
        INC BX
        CMP DL,5AH              ;是否超过'Z'字符
        JNZ SS1                 ;是则重置 DL 的值
        MOV DL,40H
SS1:    LOOP REP1
LLL:    MOV AX,02000H
        MOV ES,AX
        MOV BX,0000H
        MOV CX,52
REP2:   MOV DL,ES:[BX]          ;读出存入内存区域中的内容
        CALL DELAY              ;调用延时程序
        MOV AH,02H              ;在屏幕上显示出来
        INT 21H
        INC BX
```

```
        LOOP REP2
        JMP LLL
DELAY   PROC NEAR                   ;延时子程序
        PUSH CX
        MOV CX,4000H
        CCC: LOOP CCC
        POP CX
        RET
DELAY   ENDP
CODE    ENDS
        END START
```

(2) 16 位/32 位存储器读写程序。

```
        .MODEL SMALL
        .486
        CODE SEGMENT
        ASSUME CS:CODE
        START: CLI
        JMP MEM16 ;16BIT JUMP
        ;JMP MEM32 ;32BIT JUMP
MEM16:  MOV AX,3000H                ;16位 起始地址,JP1 2-3 短接,JP2 1-2 短接
        MOV DS,AX
        MOV SI,0000H
        MOV CX,2000H                ;8K WORD
U11:    MOV AX,55AAH
        MOV [SI],AX
        U22: MOV BX,[SI]
        CMP AX,BX
        JZ J1X
LLL11:  JMP U11
        J1X: INC SI
        INC SI
        LOOP U11
        CALL TURN_ON
L11:    JMP L11
MEM32:  MOV AX,4000H                ;32位起始地址,JP1 1-2 短接, JP2 任意
        MOV DS,AX
        MOV SI,0000H
        MOV CX,2000H                ;8K DWORD
U111:   MOV EAX,55AA55AAH
        MOV [SI],EAX
        NOP
        NOP
```

```
U222:   MOV EDX,[SI]
        CMP EAX,EDX
        JZ J11X
LLL111: JMP U111
J11X:   ADD SI,4
        LOOP U111
        CALL TURN_ON
L111:   JMP L111
        TURN_ON PROC                  ;ENTRY=NONE
        PUSH AX
        PUSH DX
        MOV DX,0000H
        OUT DX,AL
        POP DX
        POP AX
        RET
        TURN_ON ENDP
        TURN_OFF PROC
        PUSH AX
        PUSH DX
        MOV DX,0004H
        OUT DX,AL
        POP DX
        POP AX
        RET
        TURN_OFF ENDP
CODE    ENDS
        END START
```

5. 实验项目

【实验 6.24】 设计 32 位 RAM 检查程序 1。

实验设备：

存储器扩充模块。

8255A 并行接口模块。

双色数码管显示模块。

实验要求：采用字节检查方式，检查存储空间为 4000:0～4000:7FFFH 的存储器功能；当检查结果正确时，利用双色数码管直接显示检查字节(绿色)；当检查结果错误时，利用双色数码管直接显示检查字节(红色)。

【实验 6.25】 设计 8 位 RAM 检查程序 1。

实验设备：

存储器扩充模块。

8255A 并行接口模块。

双色数码管显示模块。

实验要求：采用字节检查方式，检查存储空间为 4000:8000H～4000:9FFFH 的存储器功能；当检查结果正确时，利用双色数码管直接显示检查字节（绿色）；当检查结果错误时，利用双色数码管直接显示检查字节（红色）。

【实验 6.26】 设计 32 位 RAM 检查程序 2。

实验设备：

存储器扩充模块。

8255A 并行接口模块。

双色数码管显示模块。

实验要求：

采用字检查方式，检查存储空间为 4000:0～4000:7FFFH 的存储器功能；当检查结果正确时，利用双色数码管直接显示检查字（绿色）；当检查结果错误时，利用双色数码管直接显示检查字（红色）。

【实验 6.27】 设计 8 位 RAM 检查程序 2。

实验设备：

存储器扩充模块。

8255A 并行接口模块。

双色数码管显示模块。

实验要求：

采用字检查方式，检查存储空间为 4000:8000H～4000:9FFFH 的存储器功能；当检查结果正确时，利用双色数码管直接显示检查字（绿色）；当检查结果错误时，利用双色数码管直接显示检查字（红色）。

6.9 DMA 实验

1. 实验说明

本实验中使用的核心器件是 8237A，其引脚分布如图 6.40 所示。8237A 是 Intel 公司研制的可编程 DMA 控制器。

1) 8237A 寄存器

直接存储器访问（Direct Memory Access，DMA）是指不经过 CPU、直接用硬件实现的外部设备与主存储器之间的高速数据传送。在 DMA 传送方式中，DMA 控制器（DMAC）发挥了核心作用。

8237A 内部可编程寄存器分两类：一类是 4 个通道共用的寄存器；另一类是各个通道专用的寄存器，如图 6.41 所示。

(1) 控制寄存器

8237A 的 4 个通道共用一个控制寄存器。编程时，由 CPU 写入控制字，而由复位信

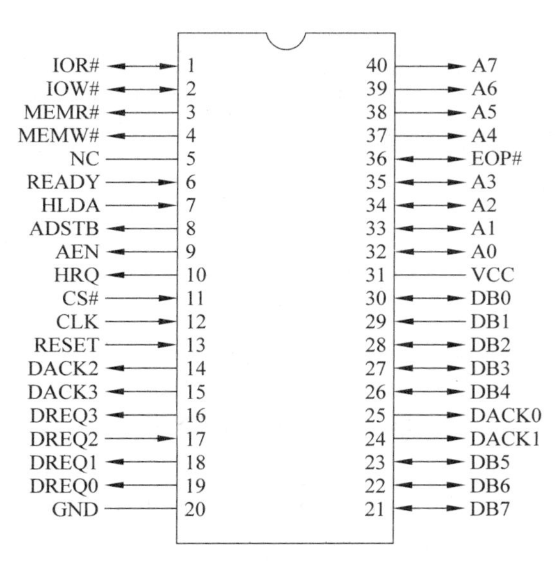

图 6.40　8237A 引脚分布图

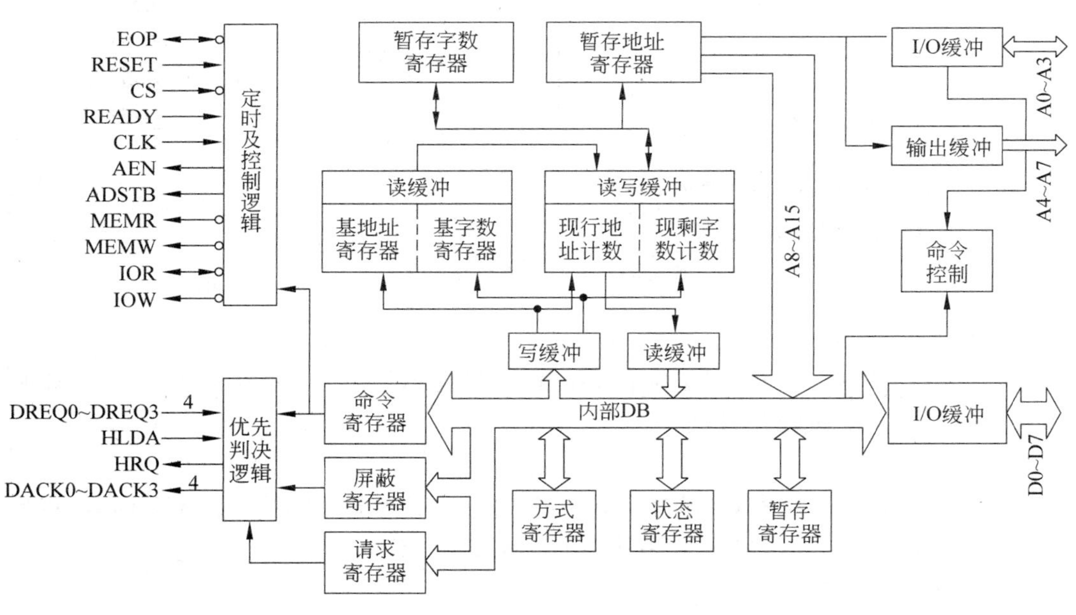

图 6.41　8237A 内部结构图

号(RESET)或软件清除命令清除它。控制寄存器格式如图 6.42 所示。

(2) 方式寄存器

8237A 每个通道有一个方式寄存器,4 个通道的方式寄存器共用一个端口地址，方式选择命令字的格式,如图 6.43 所示。方式字的最低两位进行通道选择,写入命令字之后,8237A 将根据 D1、D0 的编码把方式寄存器的 D7～D2 位送到相应通道的方式寄存器中,从而确定该通道的传送方式、数据传送类型。

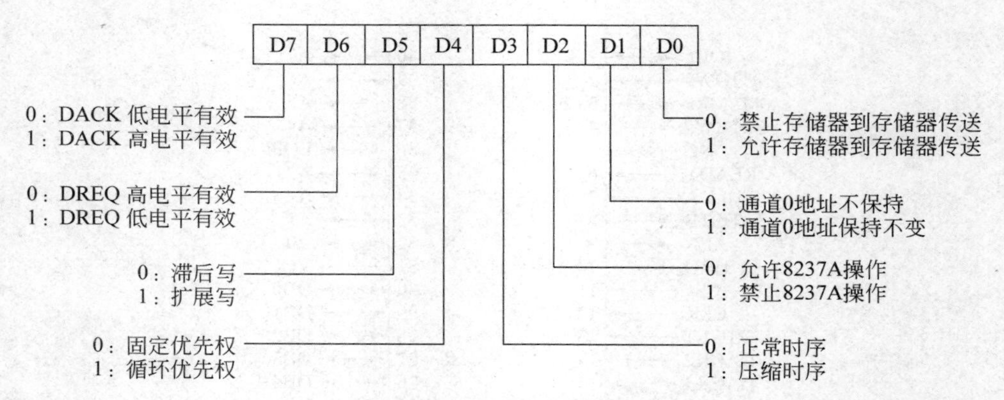

图 6.42 控制寄存器格式

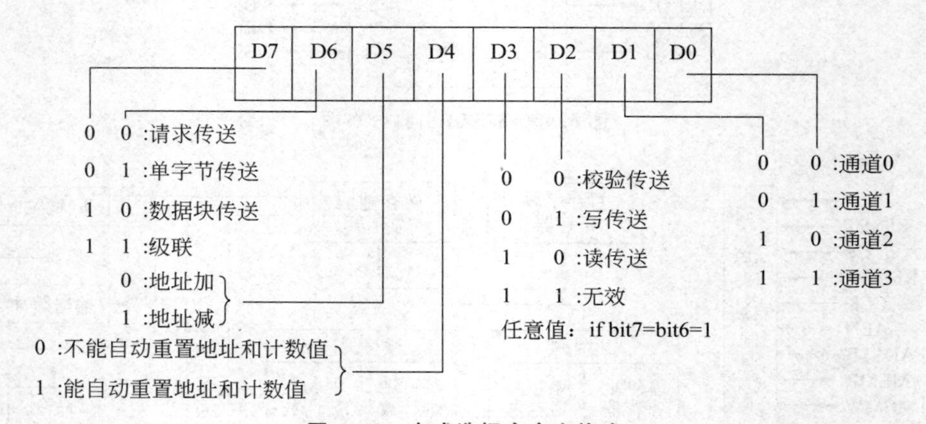

图 6.43 方式选择命令字格式

(3) 地址寄存器

每个通道有一个16位的“基地址寄存器”。基地址寄存器存放本通道DMA传输时所涉及的存储区首地址或末地址。

(4) 字节寄存器

每个通道有一个16位的“基本字节寄存器”。本字节寄存器存放本通道DMA传输时字节数的初值，8237A规定：初值比实际传输的字节数少1。

(5) 状态寄存器

状态寄存器高4位表示当前4个通道是否有DMA请求，低4位表示4个通道的DMA传送是否结束，供CPU进行查询。

(6) 请求寄存器和屏蔽寄存器

请求寄存器和屏蔽寄存器是4个通道公用的寄存器，使用时应写入请求命令字和屏蔽命令字，请求命令字和屏蔽命令字格式如图6.44所示。

(7) 先/后触发器

设置先/后触发器是为规定初值的写入顺序。将先/后触发器清0，则初值写入顺序为先写低位字节，后写高位字节。

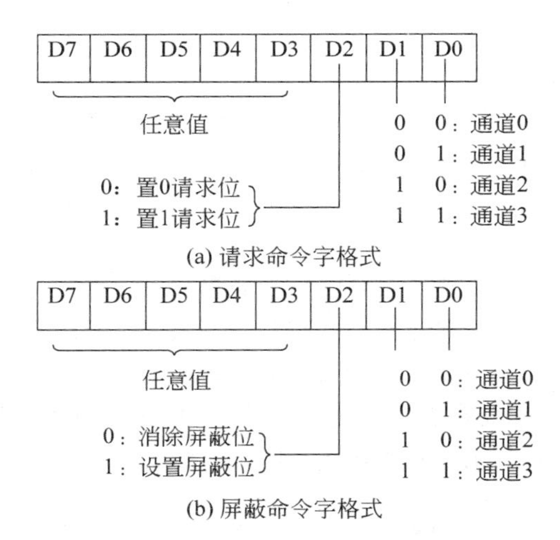

图 6.44 请求命令字和屏蔽命令字格式

2）8237A 初始化编程

8237A 初始化编程步骤如下。

（1）命令字写入控制寄存器。

初始化时必须设置控制寄存器，以确定其工作时序、优先级方式、DREQ 和 DACK 的有效电平及是否允许工作等。

在 PC 系列机中，BIOS 初始化时，已将通道的控制寄存器设定为 00H，禁止存储器到存储器传送，允许读/写传送，正常时序，固定优先级，不扩展写信号，DREQ 高电平有效，DACK 低电平有效，因此在 PC 系统中，如果借用 DMA CH1（CH1 是预留给用户使用的）进行 DMA 传送，则初始化编程时，不应再向控制寄存器写入新的命令字。

（2）屏蔽字写入屏蔽寄存器。

某通道正在进行初始化编程时，接收到 DMA 请求，可能未初始化结束，8237A 就开始进行 DMA 传送，导致出错。因此初始化编程时，必须先屏蔽要初始化的通道，初始化结束后，再解除该通道的屏蔽。

（3）方式字写入方式寄存器。

为通道规定传送类型及工作方式。

（4）置 0 先/后触发器。

对口地址 DMA＋0CH 执行一条输出指令（写入任何数据均可），从而产生一个写命令，即可置 0 先/后触发器，为初始化基地址寄存器和基本字节寄存器做准备。

（5）写入基地址和基本字节寄存器。

把 DMA 操作所涉及的存储区首址或末址写入基本地址寄存器，把要传送的字节数减一，写入基本字节寄存器。这几个寄存器都是 16 位的，因此写入要分两次进行，先写低 8 位（则先/后触发器置 1），后写高 8 位（则先/后触发器自动置 0）。

（6）解除该通道的屏蔽。

初始化之后向通道的屏蔽寄存器写入 D2～D0＝0××的命令字，置 0 相应通道的屏蔽触发器，准备响应 DMA 请求。

(7) 写入请求寄存器。

如果采用软件 DMA 请求，在完成通道初始化之后，在程序的适当位置向请求寄存器写入 D2～D0＝1××的命令字，即可使相应通道进行 DMA 传送。

2. 实验原理

DMA 实验原理如图 6.45 所示。DMA 控制部分以 8237A 为中心，辅以 74LS573 组成。8237A 的低 8 位地址线与它的 8 位数据线是复用的，所以需要在外部用一片地址锁存器 74LS573 来保存先送出的低 8 位地址，然后再与后面送出的高 8 位组成 16 位地址信号。DMA 传送是以数据线宽度为 8 的存储器作为主存储器进行设计的，实验系统默认用于进行 8 位 DAM 传送的内存地址范围是 2000H:0000H～2000H:1FFFH，共 8KB。

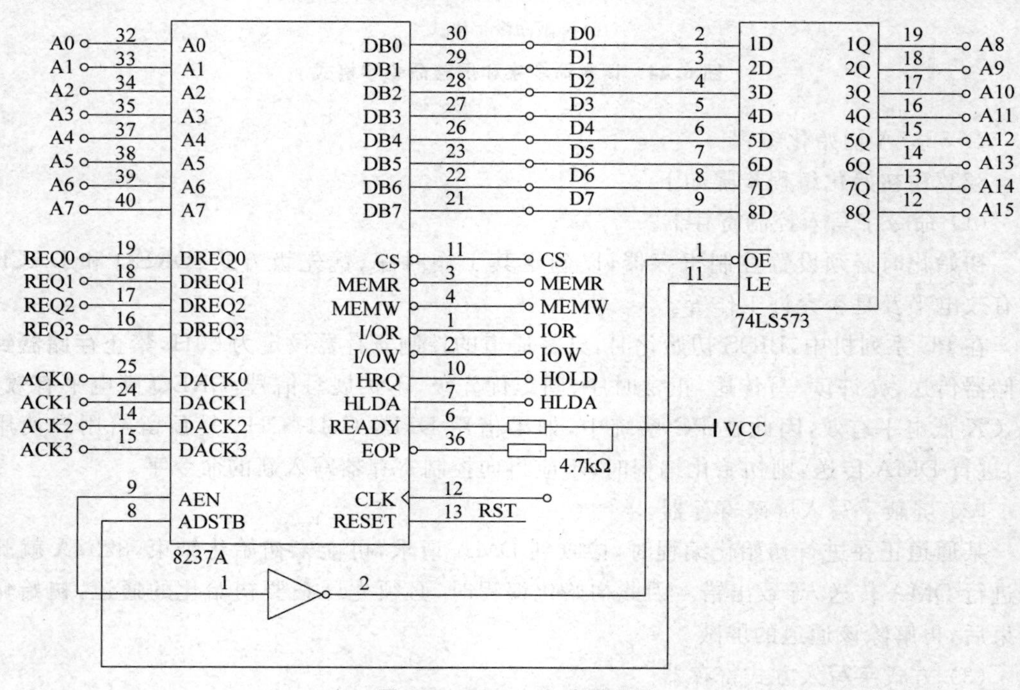

图 6.45 DMA 实验原理图

3. 实验目的和要求

掌握 8237A 的工作原理，掌握 8237A 的初始化编程和应用编程。

4. 实验示例

【例 6.11】 DMA 存储器-存储器传送实验。

【实验设备】

存储器模块。

DMA 读写模块。

【硬件连线】

(1) 图 6.46 中虚线部分是实验时需要使用实验导线连接,此外将存储器数据宽度选择跳线 JP1 和 JP2 的 2-3 脚短接,用于选择 8 位模式。

(2) 在 TPC-486EM 集成开发环境下输入程序,编译、链接,生成.exe 执行文件。

(3) 在程序 LLL 标号处设置断点,接着按 F5 键运行程序,程序将停在 LLL 处,通过变量显示窗口和内存地址设置窗口进行查看程序结果数否正确。

【程序流程图】

程序流程图如图 6.47 所示。

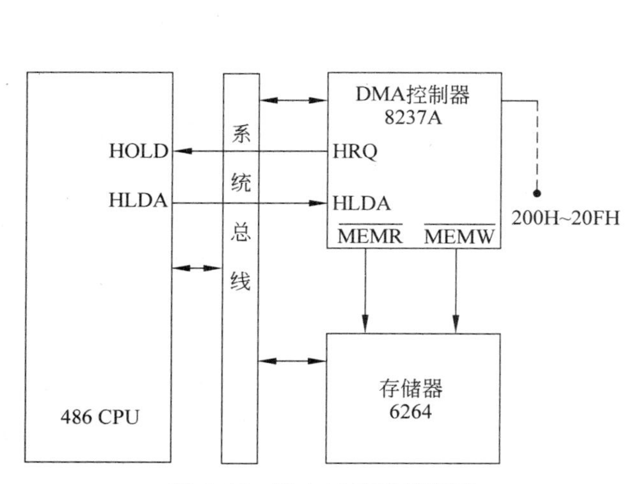

图 6.46　例 6.11 实验原理图

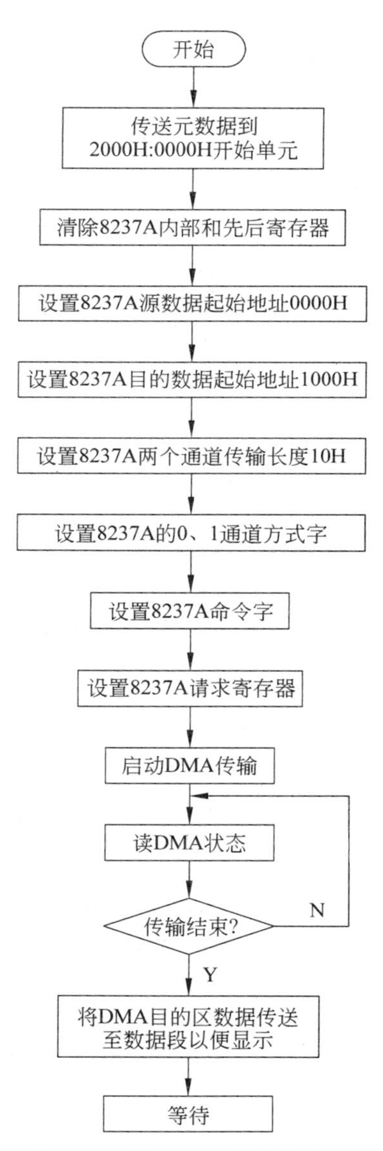

图 6.47　例 6.11 的程序流程图

【程序清单】

```
.MODEL SMALL
.486
DATA    SEGMENT USE16
        I8237_CS EQU 200H
        SRC_BUF DB 00H,11H,22H,33H,44H,55H,66H,77H,88H,99H,
                DB 0AAH,0BBH,0CCH,0DDH,0EEH,0FFH
        DES_BUF DB 16 DUP(?)
DATA    ENDS
CODE    SEGMENT USE16
        ASSUME CS:CODE,DS:DATA
START:  MOV AX,DATA
        MOV DS,AX
        ;------------8237A INIT-----------------
ST123:  MOV AX,2000H
        MOV ES,AX
        MOV SI,OFFSET SRC_BUF               ;取源操作数地址
        MOV DI,0000                         ;目的操作数起始地址
        MOV CX,16                           ;传输长度
WE:     MOV AL,DS:[SI]
        MOV ES:[DI],AL
        INC SI
        INC DI
        LOOP WE
        ;------------DMA初始化-----------------
NEXT_8237: MOV DX,20DH
        OUT DX,AL
        JMP $+2
        JMP $+2
        JMP $+2
        MOV DX,20CH
        OUT DX, AL
        JMP $+2
        JMP $+2
        JMP $+2
        MOV DX,200H
        MOV AL,00H
        OUT DX, AL
        JMP $+2
        JMP $+2
        JMP $+2
        MOV AL,00H                          ;CH0 SOURCE=0000H
        OUT DX, AL
```

```
JMP $+2
JMP $+2
JMP $+2
MOV DX,202H
MOV AL,00H
OUT DX, AL
JMP $+2
JMP $+2
JMP $+2
MOV AL,10H
OUT DX, AL                              ;CH1 DEST=1000H
JMP $+2
JMP $+2
MOV DX,201H                             ;0#LENGTH ADDRES=201H
MOV AL,15                               ;TRANS LENGTH=16
OUT DX, AL
JMP $+2
JMP $+2
JMP $+2
MOV AL,00H                              ;LENGTH=15
OUT DX, AL
JMP $+2
JMP $+2
JMP $+2
MOV DX,203H                             ;1#LENGTH ADDRESS=203H
MOV AL,15
OUT DX, AL
JMP $+2
JMP $+2
MOV AL,00H                              ;SET LENGTH BYTE =15
OUT DX, AL
JMP $+2
JMP $+2
MOV DX,20BH
MOV AL,88H                              ;0#CHANNAL MODE
OUT DX, AL
JMP $+2
JMP $+2
JMP $+2
MOV DX,20BH
MOV AL,85H                              ;1 CHANNAL MODE
OUT DX, AL
JMP $+2
JMP $+2
```

```
        JMP $+2
        MOV DX,208H                     ;COMMAND BYTE
        MOV AL,89H
        OUT DX, AL
        JMP $+2
        JMP $+2
        JMP $+2
        MOV DX,20FH
        MOV AL,0CH
        OUT DX, AL
        JMP $+2                         ;不能增加延迟指令,否则会影响断点设置
        JMP $+2
        MOV DX,209H
        MOV AL,4                        ;REQUEST REGISTER
        OUT DX, AL
        JMP $+2
        JMP $+2
        JMP $+2
        JMP $+2
        JMP $+2
        JMP $+2
YYY1:   MOV DX,208H                     ;DMA END?
        IN AL,DX
        CMP AL,03H
        JNZ YYY1
        MOV AX,2000H
        MOV ES,AX
        MOV AX,1000H
        MOV DS,AX
        MOV SI,1000H
        MOV DI,OFFSET DES_BUF
        MOV CX,16
        STXXX: MOV AL,ES:[SI]
        MOV DS:[DI],AL
        INC SI
        INC DI
        LOOP STXXX
        NOP
LLL:    JMP LLL
CODE    ENDS
        END START
```

5. 实验项目

【实验 6.28】 用 DMA 传送方式实现从存储空间 A 到存储空间 B 之间的数据传送。

实验设备：

存储器扩充模块。

DMA读写模块。

实验要求：存储空间A为4000H：8000H～4000H：8FFFH，存储空间B为4000H：9000H～4000H：9FFFH。先在存储空间A重复设置00H～0FFH(16次)，然后进行DMA传送。实现DMA传送后，如果实验成功，实验机复位后通过上位机软件可看到传送的内容。

【实验6.29】 采用硬件请求、以块为单位的读传送方式，实现DMA写。

实验设备：

存储器扩充模块。

DMA读写模块。

实验要求：AT89C2051读取内存单元4000：8000H开始的16个字符。如果实验成功，按显示键K1就能在共阳数码管上看到0～F这些字符。

6.10 保护模式实验

1. 实验说明

保护模式是32位处理器的主要工作模式，存储器采用分段和分页管理机制，不仅为存储器共享和保护提供了硬件支持，而且为实现虚拟存储器提供了硬件支持；保护模式支持多任务，能够快速地进行任务切换和保护任务环境；提供4个特权级，并配合以完善的特权检查机制，既能实现资源共享，又能保证代码、数据的安全和保密及任务的隔离。

1) 段描述符

保护模式下，32位处理器首先采用存储器分段管理机制，将虚拟地址转换为线性地址；然后提供可选的存储器分页管理机制，将线性地址转换为物理地址。每个段用一个格式如图6.48所示的段描述符描述。这些段描述符组成一个段描述符表。有3种类型的描述符表：全局描述符表(Global Descriptor Table，GDT)、局部描述符表(Local Descriptor Table，LDT)和中断描述符表(Interrupt Descriptor Table，IDT)。在整个系

7		0	
段界限(位7~0)			0
段界限(位15~8)			1
段基址(位7~0)			2
段基址(位15~8)			3
段基址(位23~16)			4
段属性			5
段属性	段界限(位19~16)		6
段基址(位31~24)			7

图6.48 段描述符的格式

统中，全局描述符表和中断描述符表只有一个；而每个任务都有自己的局部描述符表，另外每个任务还有一个任务状态段 TSS，用于保存任务的有关信息。

2）选择子

在保护方式下，虚拟地址（即逻辑地址）由 16 位段选择子和 32 位段内偏移地址两部分组成。与实模式相比，段寄存器中存放的不是段基址，而是段选择子。段选择子的格式如图 6.49 所示。

图 6.49　段选择子的格式

Index：描述符索引。描述符索引是指描述符在描述符表中的顺序号。Index 是 13 位，因此每个描述符表（GDT 或 LDT）最多有 $2^{13}=8192$ 个描述符。由于每个描述符长 8 字节，根据选择子的格式，屏蔽选择子低 3 位后所得的值就是选择子所指定的描述符在描述符表中的偏移。

TI：表指示位（Table Indicator）。TI＝0 指示从全局描述符表 GDT 中读取描述符；TI＝1 指示从局部描述符表 LDT 中读取描述符。

RPL：请求特权级（Requested Privilege Level），用于特权检查。

3）全局描述符表寄存器（GDTR）和局部描述符表寄存器（LDTR）

全局描述符表 GDT 的存储位置由全局描述符表寄存器 GDTR 指向。GDTR 长 48 位，其中高 32 位为基址，低 16 位为界限。局部描述符表寄存器 LDTR 并不直接指出 LDT 的存储位置。LDTR 由程序员可见的 16 位寄存器和程序员不可见的 64 位高速缓冲寄存器组成。

由 LDTR 寄存器确定 LDT 位置的过程如图 6.50 所示。实际上，每个任务的局部描述符表 LDT 作为系统的一个特殊段，也由一个描述符描述。这个 LDT 的描述符存放在 GDT 中。在初始化或任务切换过程中，把对应任务 LDT 的描述符的段选择子装入

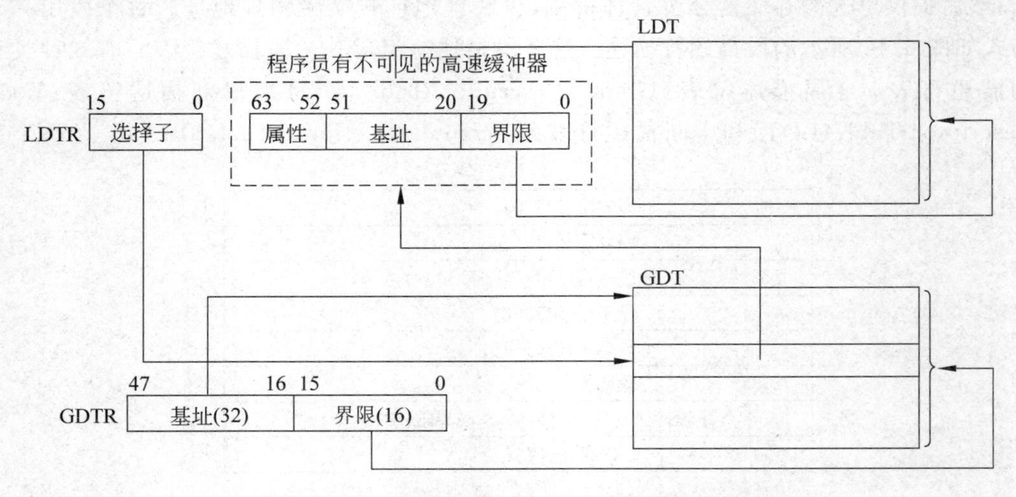

图 6.50　由 LDTR 确定 LDT 存储位置和界限

LDTR 的 16 位寄存器，处理器根据装入 LDTR 可见部分的段选择子，从 GDT 中取出对应的描述符，并把 LDT 的基地址、段界限和属性等信息保存到 LDTR 的不可见的高速缓冲寄存器中。随后对 LDT 的访问，就可根据保存在高速缓冲寄存器中的有关信息进行。

4）保护模式下的中断和异常

80386 及以后的处理器在保护模式下，将外部中断（硬件中断）称为“中断”，而把内部中断称为“异常”。CPU 最多处理 256 种中断或异常，每种中断或异常都分配了一个 0～255 的中断号（又称为中断类型码）。CPU 是根据中断号从中断描述表 IDT 中取得相应的门描述符，从而获得中断或异常处理程序的入口地址。由于 CPU 最多处理 256 种中断或异常，所以 IDT 最大长度是 2×2^{10}。中断描述符表寄存器 IDTR 指示 IDT 在内存中的位置。和 GDTR 一样，IDTR 也是 48 位的寄存器，其中高 32 位为基址，低 16 位为界限。

中断描述符表 IDT 所含的描述符只能是中断门、陷阱门和任务门。也就是说，在保护模式下，CPU 只有通过中断门、陷阱门或任务门才能转移到对应的中断或异常处理程序。由于门描述符是 8 个字节长，因此中断或异常产生时，CPU 以中断号乘 8 从 IDT 中取得对应的门描述符，分解出选择子、偏移量和描述符属性类型，并进行有关检查。最后，根据门描述符类型是中断门、陷阱门还是任务门，分情况转入中断或异常处理程序。门描述符的格式如图 6.51 所示。

7	0	
偏移地址(位7~0)		0
偏移地址(位15~8)		1
选择子(位7~0)		2
选择子(位15~8)		3
门属性	双字计数	4
门属性		5
偏移地址(位32~16)		6
偏移地址(位31~24)		7

图 6.51 门描述符的格式

门描述符并不是描述某种内存段，而是描述控制转移的入口点。这种描述符好比一个通向另一代码段的门。通过这种门，可实现任务内特权级的变换和任务间的切换。门描述符又可分为任务门、调用门、中断门和陷阱门。调用门描述某个子程序的入口，通过调用门可实现任务内从低特权级变换到高特权级；任务门指示任务，通过任务门可实现任务间切换；中断门和陷阱门描述中断/异常处理程序的入口点。

如果中断号指示的门描述符是 386 中断门或 386 陷阱门，控制转移到当前任务的一个处理程序，并且可以变换特权级。与其他调用门的 CALL 指令一样，从中断门和陷阱门中获取指向处理程序的 48 位全指针。其中 32 位偏移地址送给 EIP，16 位选择子是对应处理程序代码段的选择子，它被送给 CS 寄存器，并根据选择子中的 TI 位是 0 或 1，从全局描述符表 GDT 或局部描述符表 LDT 中取得代码段描述符；这时，代码段描述符中的基地址确定了处理程序的段基址，EIP 确定了处理程序的入口地址，CPU 转向执行处理程序。整个过程如图 6.52 所示。

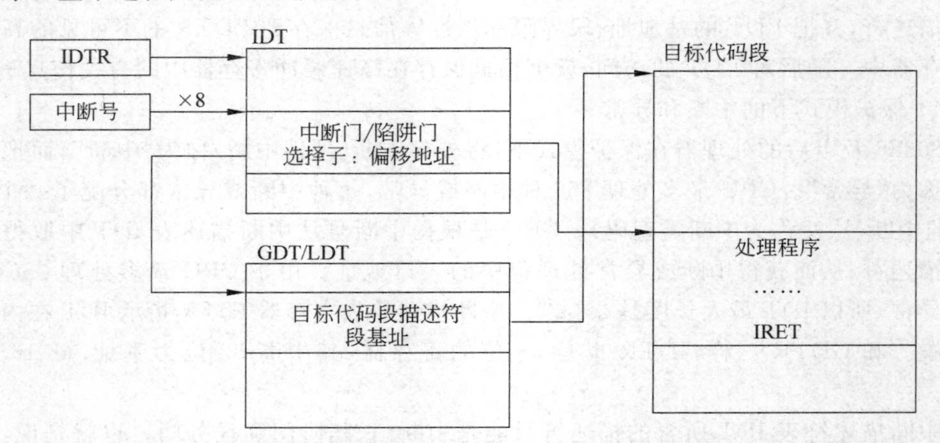

图 6.52 通过中断门或陷阱门的中断/异常处理过程

2. 实验目的和要求

掌握微机系统保护模式下中断程序的设计。

3. 实验示例

【例 6.12】 保护模式下的中断实验。

【实验目的】

(1) 掌握在保护模式下的 80x86 及其编程。

(2) 掌握编写保护模式下的外部中断。

(3) 掌握通过 IDT 表实现中断处理的方法。

【实验内容】

(1) 本实验程序的作用是在保护模式下实现外部中断，主片 8259 地址 230H～231H，从片 8259A 地址 240H～241H，单脉冲输出接中断 IR0(从片)，从片输出接主片 IR2。

(2) 执行过程：程序进入保护模式后数码管显示数字 0 并等待中断，此时按下单脉冲按钮会触发外部中断，程序跳入中断服务程序 INTR_TEST，此时数码管显示数字 1，延迟一段时间后中断服务程序返回到主程序中再次等待中断，此时数码管显示数字 0。

【实验步骤】

(1) 在 TPC-486EM 集成开发环境下输入汇编程序，编译、链接，生成.exe 执行文件。

(2) 下载到系统中并启动调试程序功能。

(3) 执行本程序，等待外部中断触发。

【程序清单】

```
.MODEL SMALL
.486P
DISPNUM MACRO XX
```

```
        PUSH DX                     ;数码管显示
        PUSH AX
        MOV DX,210H
        MOV AL,XX
        OUT DX,AL
        MOV DX,211H
        MOV AL,1
        OUT DX,AL
        POP AX
        POP DX
ENDM
IO_M8259 EQU 230H
IO_S8259 EQU 240H
AT386IGATE =8EH                     ;386中断门类型值
TICODE_SEL =20H                     ;代码段选择子
DATA_SEL =28H                       ;数据段选择子
GDTLEN =72                          ;全局描述符表长度
IDTLEN =1024                        ;中断描述符表长度
DATA    SEGMENT USE16
        IDT DB 1024 DUP(?)
        GDT DB 72 DUP(?)            ;定义全局描述符表GDT
        TEMP DW ?
        TEMP1 DD ?
        VGDTR DW ?
              DD ?                  ;GDT伪描述符
        VIDTR DW ?
              DD ?
        OLD_VGDTR DW ?
                  DD ?
        OLD_VIDTR DW ?
                  DD ?
        SEG_DATA DW ?
DATA    ENDS
CODE    SEGMENT USE16
        ASSUME CS:CODE,DS:DATA,SS:DATA
BEGIN:  MOV AX,DATA
        MOV DS,AX
        MOV SEG_DATA,AX
        CLI
        ;初始化8259A
        MOV DX,IO_M8259; 8259A ICW1
        MOV AL,11H
        OUT DX,AL
        NOP
```

```
NOP
MOV DX,IO_M8259+1; 8259A ICW2
MOV AL, 08H; VECTOR START NUM =08(IR0)
OUT DX,AL
NOP
NOP
MOV AL,04H; 8259A ICW3
OUT DX,AL
NOP
NOP
MOV AL,01H; 8259A ICW4
OUT DX,AL
NOP
NOP
MOV AL,11111111B; 8259A MASK WORD
OUT DX,AL
NOP
NOP
MOV DX,IO_S8259; SLAVE 8259A ICW1
MOV AL,11H
OUT DX,AL
NOP
NOP
MOV DX,IO_S8259+1; 8259A ICW2
MOV AL, 70H; VECTOR START NUM =70H(从片 IR0)
OUT DX, AL
NOP
NOP
MOV AL,02; 8259A ICW3
OUT DX,AL
NOP
NOP
MOV AL,01H; 8259A ICW4
OUT DX,AL
NOP
NOP
MOV AL,11111111B; 8259SA MASK WORD
OUT DX,AL
NOP
NOP
SGDT FWORD PTR OLD_VGDTR            ;保存 GDT
SIDT FWORD PTR OLD_VIDTR            ;保存 IDT
CALL INITGDT                        ;初始化全局描述符表 GDT
CALL INITIDT                        ;初始化中断描述符表 IDT
```

```
          LGDT FWORD PTR VGDTR              ;装载 GDTR
          LIDT FWORD PTR VIDTR              ;装载 IDTR
          MOV EAX,CR0                       ;这 3 条指令是把 CPU 切换到保护模式
          OR AL,1
          MOV CR0,EAX
          ;下面 3 行是一条跳转指令,清 CPU 实模式下预取的指令
          DB 0EAH                           ;操作码
          DW OFFSET INIT8259                ;16 位偏移量
          DW TICODE_SEL
INIT8259: MOV AX,DATA_SEL                   ;装载数据段的选择子
          MOV DS,AX
          MOV SS,AX                         ;装载堆栈段的选择子
          ;---------WRITE 8259A MASK WORD------------------------
          MOV DX,IO_M8259+1
          IN AL,DX
          AND AL,11111011B; MASK BYTE
          OUT DX,AL
          NOP
          NOP
          MOV DX,IO_S8259+1
          IN AL,DX
          AND AL,11111110B
          OUT DX,AL
          NOP
          NOP
          STI                               ;开中断
          INT 70H
          ;--------------8259A 初始化结束-------------------
LL:       DISPNUM 3FH                       ;显示数字 0
          NOP                               ;等中断
          NOP
          NOP
          NOP
          NOP
          NOP
          NOP
          NOP
          NOP
          NOP
          JMP LL
          ;-----------------初始化全局描述符表 GDT-------------------
         --
INITGDT   PROC
          MOV CX,32
```

```
        MOV SI,OFFSET GDT+20H          ;从第 5 个描述符开始
AGA2:   MOV BYTE PTR [SI],0
        INC SI
        LOOP AGA2
        MOV SI,OFFSET GDT+20H
INITG:  ;MOV AX,CS;;;;;CODE            ;代码段描述符
        PUSH CS
        POP AX
        MOVZX EAX,AX
        SHL EAX,4
        SHLD EDX,EAX,16
        MOV WORD PTR [SI+2],AX
        MOV BYTE PTR [SI+4],DL
        MOV BYTE PTR [SI+7],DH
        MOV DX,0FFFFH
        MOV WORD PTR [SI+0],DX
        MOV BYTE PTR [SI+5],98H
        MOV SI,OFFSET GDT+28H          ;数据段描述符
        MOV AX,DS
        MOVZX EAX,AX                   ;按零扩展传送
        SHL EAX,4                      ;SHL 4 BITS
        SHLD EDX,EAX,16
        MOV WORD PTR [SI+2],AX
        MOV BYTE PTR [SI+4],DL
        MOV BYTE PTR [SI+7],DH
        MOV DX,0FFFFH
        MOV WORD PTR [SI+0],DX
        MOV BYTE PTR [SI+5],92H
        XOR DX,DX
        MOV SI,OFFSET VGDTR            ;准备要加载到 GDTR 的伪描述符
        MOV AX,DS
        MOV BX,16
        MUL BX
        ADD AX,OFFSET GDT              ;计算并设置基地址
        ADC DX,0                       ;界限已在定义时设置好
        MOV WORD PTR[SI+0],GDTLEN-1
        MOV WORD PTR [SI+2],AX
        MOV WORD PTR [SI+4],DX
        RET
INITGDT ENDP
        ;-----------------初始化中断描述符表 IDT-----------------
INITIDT PROC
        MOV SI,OFFSET IDT+896;70H
```

```
            MOV AX,OFFSET INTR_TEST
            MOV WORD PTR [SI+0],AX
            MOV WORD PTR [SI+2],TICODE_SEL
            MOV BYTE PTR [SI+4],0
            MOV BYTE PTR [SI+5],AT386IGATE
            MOV WORD PTR [SI+6],0
            XOR DX,DX
            MOV SI,OFFSET VIDTR             ;准备要加载到 IDTR 的伪描述符
            MOV AX,DS
            MOV BX,16
            MUL BX
            ADD AX,OFFSET IDT               ;计算并设置基地址
            ADC DX,0
            MOV WORD PTR [SI+0],IDTLEN-1
            MOV WORD PTR [SI+2],AX
            MOV WORD PTR [SI+4],DX
            RET
INITIDT     ENDP
INTR_TEST PROC
            PUSH EAX                        ;保护现场
            PUSH EDX
            DISPNUM 06H                     ;显示数字 1
            CALL DELAY
            MOV AL,20H
            MOV DX,IO_S8259                 ;从片中断结束
            OUT DX,AL
            NOP
            MOV DX,IO_M8259                 ;主片中断结束
            OUT DX,AL
            POP EDX
            POP EAX
            IRETD
INTR_TEST ENDP
DELAY       PROC
            PUSH ECX
            MOV ECX,08FFFFH
YAO:        LOOP YAO
            POP ECX
            RET
DELAY       ENDP
CODE        ENDS
            END BEGIN
```

【实验 6.30】 保护模式中断设计实现：动态显示学号。

实验设备：

8259A 中断实验模块。

8255A 实验模块。

双色数码管显示模块。

实验要求：

实验采用保护模式中断编程，在数码管上实现字符串的动态显示。每来一次中断，字符串左移一位，循环往复。

【实验 6.31】 保护模式中断设计实现：主从中断方式的数码管交替显示。

实验设备：

8259A 中断实验模块。

8255A 实验模块。

双色数码管显示模块。

实验要求：

中断申请信号接至从 8259A，采用保护模式中断编程，完成两个数码管交替显示，即在第 1 位，第 2 数码位数码管上交替显示 1 和 2。

6.11 综合性实验

1. 实验说明

通常综合性实验的设计步骤如下。

(1) 决定实现的方案。

(2) 画出硬件连线图。

(3) 画出程序流程图并编写程序。

(4) 连接硬件，并进行软、硬件调试。

2. 实验目的和要求

掌握各接口芯片的功能和应用，能综合运用接口芯片达到实验要求。

3. 实验示例

【例 6.13】 数字录音机实验。

【实验目的】

(1)了解数字录音技术的基本原理。

(2) 进一步掌握 A/D 转换器与 D/A 转换器的使用方法。

【实验内容】

实验原理图如图 6.53 所示。

(1) 按图连接电路，将声传感器接麦克风座，把代表语音的电信号送给 ADC0809 通

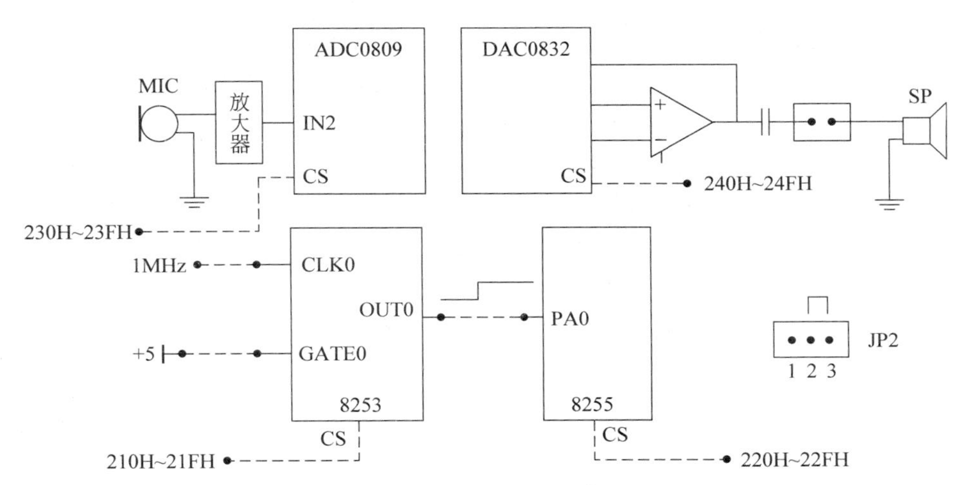

图 6.53 例 6.13 的实验原理图

道 2(IN2);D/A 转换器的输出端通过导线接喇叭。

(2) 编程,以每秒钟 5000 次的速率采集 IN2 输入的语音数据并存入内存,共采集 60 000 个数据,然后再以同样的速率将数据送 DAC0832 使喇叭发声(放音)。

【实验提示】

(1) 将 8254 设置成方式 0,计数 80 个,利用 PA0 查询 OUT0 电平,若高电平表示定时时间到。

(2) ADC0809 通道 2(IN2)的口地址为 232H。

【程序流程图】

程序流程图如图 6.54 所示。

【程序清单】

```
DATA    SEGMENT
        LUPORT EQU 232H                              ;录音口地址
        FANGPORT EQU 240H                            ;放音口地址
        IO8253K EQU 213H
        IO8253_0 EQU 210H
        IO8255AK EQU 223H
        IO8255A EQU 220H
        ;DATA_QU DB 60000 DUP(?)                     ;录音数据存放数据区
        NEWS_1 DB 'PRESS ANY KEY TO RECORD:',24H     ;录音提示
        NEWS_2 DB 0DH,0AH,' PLAYING:',24H            ;放音提示
        LEN EQU $-NEWS_1
DATA    ENDS
CODE    SEGMENT
        ASSUME CS:CODE,DS:DATA,ES:DATA
BEGIN:  MOV AX,DATA                                  ;初始化
        MOV DS,AX
```

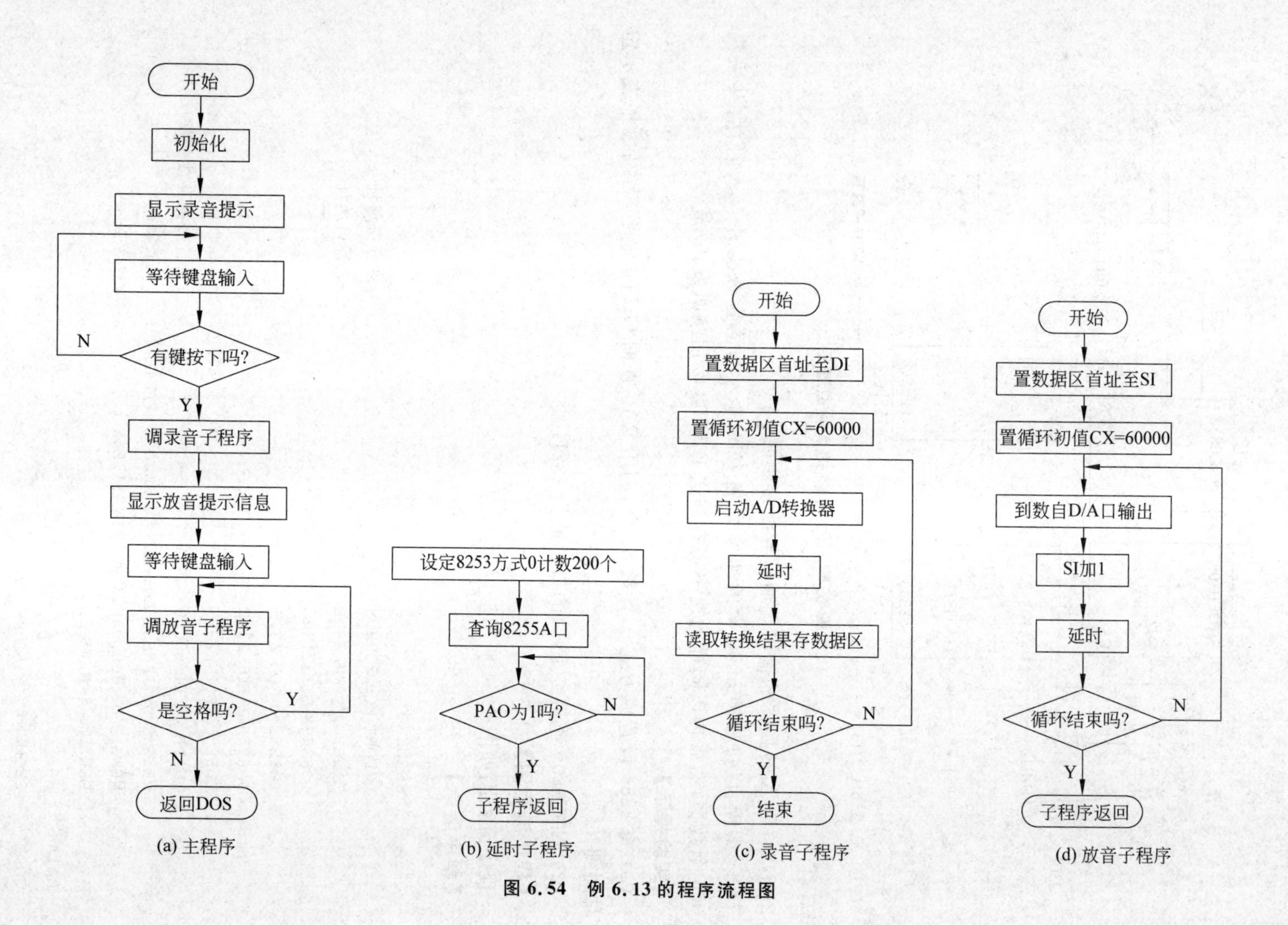

(a) 主程序　(b) 延时子程序　(c) 录音子程序　(d) 放音子程序

图 6.54　例 6.13 的程序流程图

```
        MOV ES,AX
        MOV DX,OFFSET NEWS_1                 ;显示录音提示
        MOV AH,9
        INT 21H
TEST_1: MOV AH,1                             ;等待键盘输入
        INT 16H
        JZ TEST_1                            ;若不是则循环等待
        CALL LU                              ;调用录音子程序
        MOV DX,OFFSET NEWS_2                 ;显示放音提示
        MOV AH,9
        INT 21H
FY:     CALL FANG                            ;调用放音子程序
        MOV AX,0C07H
        INT 21H
        CMP AL,20H
        JZ FY
        MOV AH,4CH                           ;返回 DOS
        INT 21H
LU PROC NEAR                                 ;录音子程序
        MOV DI,LEN                           ;置数据区首地址为 DI
        MOV CX,6000-LEN                      ;录 60 000 个数据
        CLD
XUNHUAN: MOV DX,LUPORT                       ;启动 A/D
        OUT DX,AL
        CALL DELAY                           ;延时
        IN AL,DX                             ;从 A/D 读数据到 AL
        STOSB                                ;存入数据区,使 DI 加 1
        LOOP XUNHUAN                         ;循环
        RET                                  ;子程序返回
LU      ENDP
FANG    PROC NEAR                            ;放音子程序
        MOV CX,6000-LEN                      ;放 60 000 个数据
        MOV SI,LEN                           ;置数据区首地址为 SI
        CLD
FANG_YIN: MOV DX,FANGPORT
        LODSB                                ;从数据区取出数据
        SUB AL,30H
        OUT DX,AL                            ;放音
        CALL DELAY                           ;延时
        LOOP FANG_YIN                        ;循环
        RET                                  ;子程序返回
FANG    ENDP
DELAY   PROC NEAR                            ;延时子程序
```

```
        PUSH DX
        MOV AL,10H                    ;设 8254 通道 0 的工作方式 0
        MOV DX,IO8253_0
        OUT DX,AL
        MOV AL,200                    ;写入计数器初值 200
        MOV DX,IO8253K
        OUT DX,AL
        MOV DX,IO8255AK               ;设 8255A 的 A 口为输入
        MOV AL,9BH
        OUT DX,AL
        MOV DX,IO8255A                ;从 8255A 的 A 口输入
DELAY1: IN AL,DX
        AND AL,1                      ;判断 PA0 是否为 1
        JZ DELAY1                     ;若 PA0 不为 1,转 DE_LAY
        POP DX
        RET                           ;子程序返回
DELAY   ENDP
CODE    ENDS
        END BEGIN
```

4. 实验项目

【实验 6.32】 中断方式采样 A/D 转换数据。

实验设备：

A/D 、D/A 转换模块。

8259A 中断控制模块。

8255A 并行接口模块。

双色数码管显示模块。

实验要求：

从 ADC0809 的任意通道，以中断方式采集数据，并在数码管上显示 A/D 转换数据。

【实验 6.33】 霓虹灯模拟显示。

实验设备：

8254(或 8253)定时器/计数模块。

8259A 中断控制模块。

实验要求：利用 8254(或 8253)的一个计数器产生约 0.5s 的定时中断信号，在中断时改变 8254(或 8253)中的两个计数器的输出频率，并把两个计数器的输出分别接发光二极管的控制端，观察发光二极管的亮度变化。不断调试两个计数器的计数值，使发光二极管呈有规律的亮度变化。

【实验 6.34】 温度闭环控制实验。

实验设备：

A/D、D/A 转换模块。

8255A 并行接口模块。

双色数码管显示模块。

实验要求：

通过 ADC0809 的 IN0 设置一个温度值，IN1 作为实际温度值的输入端，通过比较这两个通道的值，从而控制 8255A 的输出，并把设置值与实际值在双色数码管上显示出来。

参考文献

[1] 孙力娟,等,微型计算机原理与接口技术[M]. 2版. 北京:清华大学出版社,2013.

[2] 周明德.微型计算机系统原理及应用[M]. 5版. 北京:清华大学出版社,2007.

[3] 戴梅萼.微型计算机技术及应用[M]. 4版. 北京:清华大学出版社,2008.

[4] 张福炎,等,微型计算机 IBM PC 的原理与应用(续二):图形显示器及其程序设计.南京:南京大学出版社,1990.

[5] 沈美明,温冬婵. IBM-PC 汇编语言程序设计[M]. 2版. 北京:清华大学出版社, 2001.

[6] 蔡启先,王智文,黄晓璐.汇编语言程序设计实验指导[M]. 北京:清华大学出版社,2008.

[7] Kip R. Irvine 著. Intel 汇编语言程序设计[M]. 温玉杰,梅广宇,罗云彬,等译. 北京:电子工业出版社 ,2007.

[8] 刘均,周苏,金海溶,等.汇编语言程序设计实验教程[M].北京:科学出版社,2006.

[9] 秦莲,殷肖川,姬伟锋,孙鹏.汇编语言程序设计实训教程[M].北京:清华大学出版社,2005.

[10] 罗云彬. Windows 环境下 32 位汇编语言程序设计[M].2版.北京:电子工业出版社,2006.

[11] 仇玉章,冯一兵.微型计算机技术实验与辅导教程[M].北京:清华大学出版社,2003.

[12] Barry B. Brey 著. Intel 系列微处理器体系结构、编程与接口[M]. 陈谊,等译. 北京:机械工业出版社,2005.